4つのステップで考える力を伸ばす！

今（いま）から始（はじ）める 中学受験

小1

算数

○○ 西村則康【監修】
○○ 高野健一【著】

実務教育出版

はじめに

中学受験を見据えて

ちょっとがんばった、でも欲ばりすぎない問題集をめざしました。

　近年、児童数の減少にもかかわらず、中学受験をする人数は増加傾向です。受験率は、首都圏で15％を超え、東京都だけに限れば20％を超えるという過熱ぶりです。

　中学受験についてのSNSも過熱しています。
・低学年のうちから進学塾に通っていないとついていけなくなる。
・塾に入れる前に、算数や国語の単科塾に行かせないと塾についていけない。
・塾に入れる前に、先取り学習をさせておかないと塾についていけない。
　このような間違った情報に振り回されて右往左往されてしまっている親御さんが増えていることに危機感を覚えています。「何かをやらせていないと、他の子どもたちに追い抜かれてしまうのではないか」という恐怖心が、親御さんたちに蔓延しているように感じられて仕方がないのです。
　でも、欲ばりすぎた先取り学習は、子どもの学習モチベーションを下げるだけではなく、間違った学習のやり方を身につけさせてしまうことが多いのです。解く手順だけをひたすら覚えるという、伸びる芽を摘んでしまうような学習習慣です。

　書店には、極端な先取り学習のための問題集が数多く並んでいます。これらの問題集をこなしていける子どもたちは、決して多くはありません。日々子どもたちに接している私たちの肌感覚としては、やって効果が上がるのはせいぜい5％。他の95％の子どもたちには難しすぎたり早すぎたりすると感じます。

　本格的な受験勉強が開始される4年生以降、学力を伸ばしていくのは先取りした知識の量ではありません。
①毎日決まった時間に勉強する習慣
②「読み書きそろばん（計算）」に代表される基礎学力
③新しいことを知ったときの楽しさを知っていること
この3つが整っていればどんどん伸びていくことができます。
①の学習時間については、小学1年生の場合、小学校の宿題以外に、算数と国語それぞれ10分ずつ程度を目安にしてください。
②の基礎学力の算数部分については、既刊の『1日10分　小学1年生のさんすう練習帳』や『つまずきをなくす小1算数文章題』（以上、実務教育出版）がご利用いただけます。
③の学習の楽しさを体験してもらうために、本書を作りました。子どもたちが、「ああ〜、なるほど！」と快感を持って理解できる問題集が必要だと考えたからです。

ちょっとだけ欲ばったレベルの学習は大切

　子どもたちは、苦しいことを長く続ける克己心は持っていません。ところが、「ちょっとがんばればなんとかなりそう」と感じることについては、ちゃんと努力することができます。しかも、そこに「あっ、わかった！」が含まれると、考えることが好きになっていきます。これが、考える力を高める秘訣です。

　本書は、先取りする単元は、該当学年の半年先までとしました。ちょっとがんばればわかるを経験してもらい、そのプロセスで、「わかった！」という楽しい経験を１つでも多くしてもらうためです。

子ども自身が見て・読んで、楽しさを感じられることが大切

　本書の作成にあたり、「小学１年生が読める解説」をめざしました。子どもたちが直感的に理解できるように図もふんだんに入れました。また、文字を大きめにしイラストをちりばめることで、「楽しそう」「僕（私）にもできそう」と感じてもらえることを意識しました。

少ない問題を丁寧に解く大切さ

　本書は、大量学習をめざすものではありません。１問１問じっくりと解き進め、解説を丁寧に読んでもらい、「なるほど、そうか！」と納得して進んでいっていただきたいのです。

おうちの方へのお願い

　本書は、中学受験をめざす子どもが学習の基盤を作るために、小学校の教科書準拠の問題集のレベルを軽々と超えるレベルで編集されています。解説は、子どもたちが読んで理解できるようにできる限りの工夫をしましたが、いきなり子どもに任せきりにするのではなくて、寄り添ってあげてほしいのです。

　問題文や解説を読んであげたり、子どもに音読をさせたりしてください。「なになに、これがわからないって？　だったら、ここを読んでごらん」「ここに〇〇〇……と書いてあるけど、わかるかな。……わかった？　エライ！」というような会話です。「ここにちゃんと書いてあるでしょ！　なぜ読まないの！」というような叱咤激励型の寄り添いにならないように、くれぐれもご注意ください。

　まるつけは、おうちの方にお願いします。その際、声かけもお願いします。「正解できてエライ！」ではなく、「よく考えたからエライ！」とプロセスをほめることです。

　解説を読むのは、お子さんと一緒にお願いします。子どもが読んでわかる解説を心がけて書きましたが、最初はおうちの方と一緒にお願いします。

　本書の学習を通して、子どもたちがわかることの楽しさを経験し、その経験を積み重ねることで、中学受験に向かう盤石の学力の素地を作り上げていただけることを、心から願っています。

2023 年 9 月　西村則康

学習のポイント

チャプター	テーマ	学習のポイント
No.1	「なんこ」と「なんばん目」 〜1つ1つかぞえてみよう〜	「1個、2個、…」と「1番目、2番目、…」を具体的に数えながら違いを理解しましょう。
No.2	かずをわける 〜あわせていくつになるかな？〜	たし算やひき算の基礎となる「あわせていくつ」の感覚を身につけます。
No.3	たしざんとひきざん 〜けいさんをつかったパズル〜	たし算やひき算を用いたパズルに取り組みながら、計算に慣れていきましょう。
No.4	ぶんしょうだい① 〜たしざんかな？　ひきざんかな？〜	文章のようすをイメージ、視覚化しながら、たし算・ひき算のいずれになるか判断します。
No.5	ぶんしょうだい② 〜3ついじょうのたしざん・ひきざん〜	複数の要素が絡んだ問題について、1つ1つ順を追って式を立てていきます。
No.6	ぶんしょうだい③ 〜「なんばん目」のもんだい〜	チャプター1で学習した「何番目」について、計算で解く方法を学びます。
No.7	じこくとじかん 〜とけいの見かたを学ぼう〜	時計の見方を理解し、簡単な時間の計算をできるようにしましょう。
No.8	大きさくらべ 〜ながさ・ひろさ・かさのくらべかた〜	ある基準を元に、長さ・広さ・かさを比べます。ここでの感覚が2年生以降の単位につながります。
No.9	いろいろなかたち 〜つみ木をつかってかんがえてみよう〜	いろいろな立体に関する問題です。積み木などを用いて考えても構いません。
No.10	ぶんしょうだい④ 〜ながいぶんしょうだいにちょうせん〜	かなり長い問題文にぎょっとするかもしれませんが、落ち着いて書かれていることを読み取りましょう。

考える力を のばす問題	テーマ	学習のポイント
①	「なんばん目」にかんするすいり	4人の話している内容を元に考えられるパターンを整理していきましょう。
②	わけかたをかんがえるもんだい	数の分け方をすべて調べます。思いつくままではなく何らかの順番に従うと見つけやすいです。
③	きまりを見つける	数の並びから、どんなルールに従っているか考えましょう。
④	ブラックボックス	ブラックボックスからどんなきまりで数が出されているかを考える問題です。
⑤	ひつようなじょうほうを よみとるもんだい	文章に書かれている数字のうち、本当に必要なものはどれかを考えましょう。
⑥	しきからもんだいをつくってみよう	式から問題文を作ってみることは、算数だけでなく国語の練習にもなります。
⑦	お金のしはらいかた	どのように支払うと都合がいいか考えながら、数的感覚を養っていきましょう。
⑧	ずけいをならべる・わける	同じ形を並べる、または同じ形に分割することで、図形の感覚を養います。
⑨	わさざんのかんがえかた	中学受験でよく出される特殊算の第一歩として、「和差算」の考え方について学びます。
⑩	きまりにしたがってけいさんする	問題文で新たに定義された計算の意味を読み取り、それに従って計算します。

本書の構成とその使い方

本書は、「れいだい・確認問題・練習問題・こたえとせつめい・考える力をのばす問題」を1セットとして構成されています（チャプター10を除く）。前から順にすべての問題に取り組むほかに、お子さんの学習状況に応じて、下のような3つの使い方もあります。

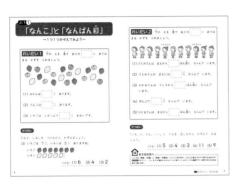

れいだい

チャプターで学ぶテーマが具体的な問題を通して学べます。

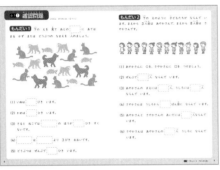

確認問題

例題で学んだことが理解できたかの確認ができます。

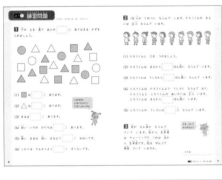

練習問題

テーマの内容に関連した標準的問題・発展問題を練習できます。

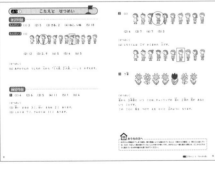

こたえと せつめい

すぐに答え合わせができるように確認問題、練習問題のすぐあとのページにあります。

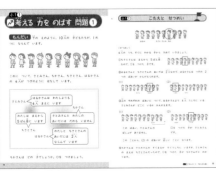

考える力をのばす問題

各チャプターごとにいろいろな応用問題がついています（チャプターの内容とは無関係です）。

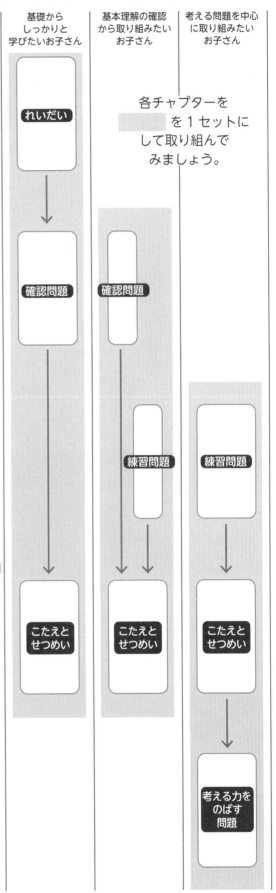

基礎からしっかりと学びたいお子さん

基本理解の確認から取り組みたいお子さん

考える問題を中心に取り組みたいお子さん

各チャプターを　　　　　を1セットにして取り組んでみましょう。

れいだい → 確認問題 → こたえとせつめい

確認問題 → 練習問題 → こたえとせつめい

練習問題 → こたえとせつめい → 考える力をのばす問題

今すぐ始める中学受験　小1　算数　目次

「なんこ」と「なんばん目」

～1つ1つ　かぞえて　みよう～

れいだい1　下の　えを　見て　あとの　□　に　あてはまる　かずを　入れましょう。

（1）みかんは　□　こ　あります。

（2）りんごは　□　こ　あります。

（3）いちごは　レモンより　□　こ　おおいです。

せつめい

○など　しるしを　つけながら、かぞえましょう。

（3）いちごは　7こ、レモンは　5こ　ありますね。

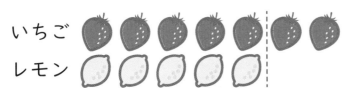

いちご
レモン

こたえ：（1）**6**　（2）**4**　（3）**2**

れいだい2

下の えを 見て あとの ◻ に あてはまる かずを 入れましょう。

さとみさん　　　　　　ひかるさん

(1) さとみさんは まえから ◻ ばん目に ならんで います。

(2) さとみさんの まえには ◻ 人 ならんで います。

(3) ひかるさんは うしろから ◻ ばん目に ならんで います。

(4) ぜんぶで ◻ 人 ならんで います。

(5) ひかるさんは まえから ◻ ばん目に ならんで います。

せつめい

「いち、に、さん、……」と こえを 出しながら かぞえて みましょう。

こたえ: (1) 5 (2) 4 (3) 3 (4) 11 (5) 9

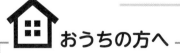

おうちの方へ

ここでは「基数」（何個）と「序数」（何番目）について学びます。どちらも数えるだけで答えは出ますが、れいだい2 (5)で11－3＝8の8番目にならないことに気づくことがここでは重要です。計算で求める方法は後ろで扱います。

こたえと せつめいは、12ページ

もんだい 1 下(した)の えを 見(み)て あとの □ に あては まる かず または どうぶつの なまえを 入(い)れましょう。

(1) いぬは □ びき います。

(2) かめは □ ひき います。

(3) さると ねこでは □ の ほうが □ ひき すく ないです。

(4) □ は □ より 3びき おおいです。

(5) どうぶつは ぜんぶで □ ひき います。

もんだい2

下の えのように 子どもたちが ならんで います。まえから 3人目は あやかさんで、まえから 8人目は さやかさんです。

(1) あやかさんに ○を、さやかさんに □を つけましょう。

(2) ぜんぶで [　　] 人 ならんで います。

(3) あやかさんの まえには [　　] 人、うしろには [　　] 人 ならんで います。

(4) さやかさんは うしろから [　　] ばん目に ならんで います。

(5) あやかさんと さやかさんの あいだには [　　] 人ならんで います。

(6) さやかさんは あやかさんの [　　] 人 うしろに ならんで います。

こたえと せつめいは、12〜13ページ

1 下の えを 見て あとの ☐ に あてはまる かずを 入れましょう。

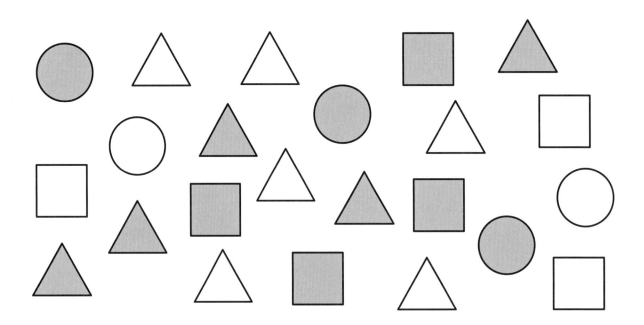

(1) ▨ は ☐ こ あります。

(2) △ は ☐ こ あります。

(3) まるは ☐ こ あります。

○は「まる」
△は「さんかく」
□は「しかく」だよ

(4) 白い いろの かたちは ☐ こ あります。

(5) 赤い まるは 白い まるより ☐ こ おおいです。

(6) しかくは さんかくより ☐ こ すくないです。

2 10人が 1れつに ならんで います。たろうくんの まえ
には 3人 ならんで います。

(1) たろうくんに ○を つけましょう。

(2) たろうくんは まえから ☐ ばん目に ならんで います。

(3) たろうくんは うしろから ☐ ばん目に ならんで います。

(4) じろうくんは たろうくんより うしろに ならんで おり、
　　たろうくんと じろうくんの あいだには 2人 います。
　　じろうくんは まえから ☐ ばん目に います。

(5) じろうくんの うしろには ☐ 人 ならんで います。

3 花が なん本か ならんで
さいて います。右から 3本目
は チューリップで、これは 左か
ら 5本目です。花は ぜんぶで
何本 さいて いますか。

えを かいて
かんがえよう

こたえ：

こたえと　せつめい

確認問題
（かくにんもんだい）

もんだい 1　(1) 3　　(2) 5　　(3) さる、2　　(4) ねこ、いぬ　　(5) 18

もんだい 2　(1)

　　　　(2) 12　　(3) 2、9　　(4) 5　　(5) 4　　(6) 5

（せつめい）

(6) あやかさんの　うしろの　人（ひと）から　「1人目（ひとりめ）、2人目（ふたりめ）、……」と　かぞえます。

練習問題
（れんしゅうもんだい）

1　(1) 4　　(2) 6　　(3) 5　　(4) 11　　(5) 1　　(6) 4

（せつめい）

(5) 赤（あか）い　まるは　3こ、白（しろ）い　まるは　2こ　あります。

(6) しかくは　7こ、さんかくは　11こ　あります。

2 (1)

(2) 4　　(3) 7　　(4) 7　　(5) 3

（せつめい）

(4) じろうくんは　□で　かこまれた　人です。

3 7本

（せつめい）

右から　3本目と　いう　ことは、チューリップの　右に　2本の　花が　あると
いう　ことです。

この　ことに　気を　つけて　えを　かくと　上のように　なります。

考える 力を のばす 問題 ①

もんだい 下の えのように、10人の 子どもたちが、1れつに ならんで います。

これに ついて、さとみさん、ちかさん、ちさとさん、はるかさんの 4人が つぎのように はなして います。

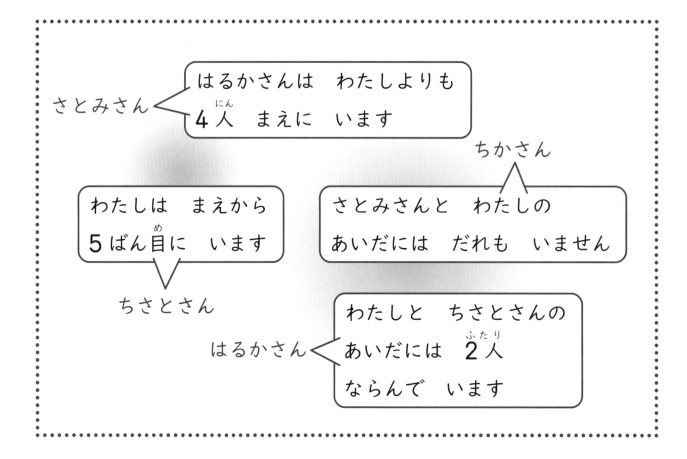

さとみさん ← はるかさんは わたしよりも 4人 まえに います

ちかさん ← さとみさんと わたしの あいだには だれも いません

わたしは まえから 5ばん目に います
ちさとさん

わたしと ちさとさんの あいだには 2人 ならんで います
はるかさん

ちかさんは どの 子でしょうか。○を つけましょう。

小1① こたえと せつめい

はるか　　　　　ちさと さとみ ちか

(せつめい)

4人の うち、すぐに わかる 子から きめて いきましょう。

①ちさとさんは まえから 5ばん目 なので、□を つけた 子です。

②はるかさんと ちさとさんの あいだは 2人なので、はるかさんは つぎの 2 つの ばあいが かんがえられます。

(1)

ちさと　　　　はるか

(2)

はるか　　　　　ちさと

③上の それぞれの ばあいに ついて、はるかさんより 4人 うしろに いる さとみさんが どこに いるか かんがえます。

(1)

はるか

この ばあい、さとみさんの ばしょが ありません。

(2)

はるか　　　　さとみ

□を つけた 子が さとみさん です。

この ことから、(2) の ばあいが 正しい ことに なります。

④ちかさんは さとみさんの すぐまえか すぐうしろに いますが、さとみさん の まえは ちさとさんだったので、〇を つけた 子が ちかさんだと わか ります。

かずを わける

～あわせて いくつに なるかな？～

れいだい 1　上と 下で あわせて 10に なるように せんで むすびましょう。

| 3 | 8 | 4 | 5 | 1 |

| 5 | 7 | 6 | 9 | 2 |

せつめい

○を 10こ ならべて、あ
と いくつで 10に なる
か、かぞえて みましょう。

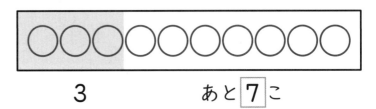

3　　　　　あと 7 こ

こたえ:

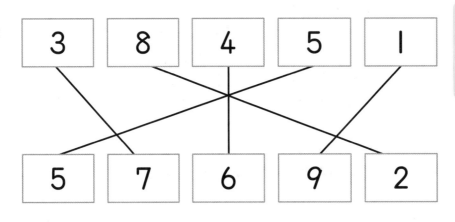

おはじきを
つかって
かんがえても
いいよ

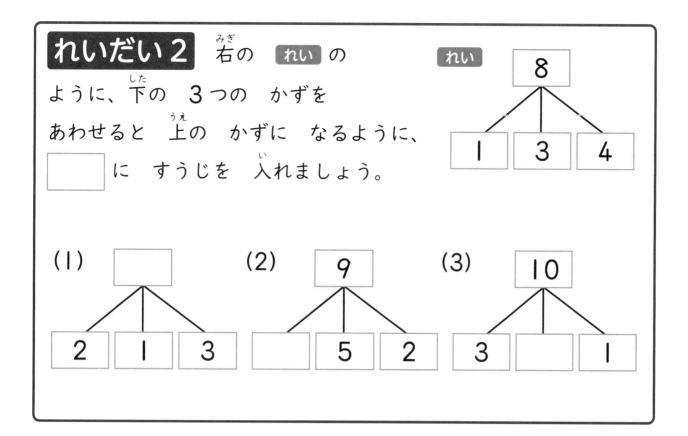

れいだい2 右の<ruby>れい<rt>みぎ</rt></ruby>の ように、<ruby>下<rt>した</rt></ruby>の 3つの かずを あわせると <ruby>上<rt>うえ</rt></ruby>の かずに なるように、□ に すうじを <ruby>入<rt>い</rt></ruby>れましょう。

れい

8
1 3 4

(1) □
2 1 3

(2) 9
□ 5 2

(3) 10
3 □ 1

せつめい

まず 2つを くみあわせて かんがえましょう。

(1) 2と 1を あわせると 3です。

　　3と 3を あわせると 6に なります。

(2) 5と 2を あわせると 7です。

　　7と なにかを あわせると 9なので、□ は 2です。

(3) 3と 1を あわせると 4です。

　　4と なにかを あわせると 10なので、□ は

　　6です。

こたえ: (1) 6 (2) 2 (3) 6

 **おうちの方へ**

ここでは、数を合わせる、分けるという、計算の土台となる考え方を学習します。特に **れいだい1** の「合わせて10」の考え方は、たし算やひき算の土台として重要です。最初は数えながらでも構いませんが、ぱっと出てくるところまで練習させてください。

もんだい 1 上と 下で あわせて 9に なるように せんで むすびましょう。

| 2 | 6 | 4 | 1 | 9 |

| 3 | 8 | 0 | 5 | 7 |

もんだい 2 つぎの □ に あてはまる かずを こたえましょう。

(1) 4と 2を あわせると □ です。

(2) 3と □ を あわせると 8です。

(3) □ と 5を あわせると 6です。

(4) □ と □ を あわせると 10です。

(4)は いろいろな こたえ
が あるよ。
たくさん こたえて みてね

もんだい3 右の れい のように、下の かずを あわせると 上の かずに なるように、□ に すうじを 入れましょう。

れい

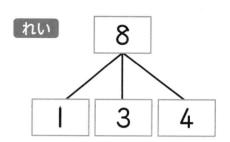

(1)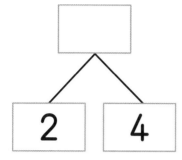

(2)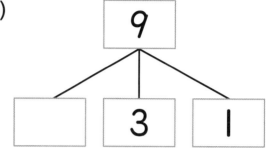

(3)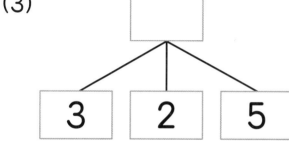

(4)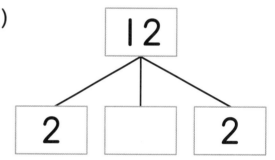

もんだい4 もんだい3と おなじ きまりに なるように、右の 2つの □ に おなじ かずを 入れましょう。

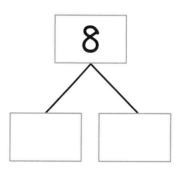

8を おなじ かずに わけると どう なるかな？

こたえと　せつめいは、23 ページ

1 下のように　かずが　かかれた　カードが　8まい　あります。
ここから　2まいを　あわせて　8に　なる　くみを　3つ　つくり
ましょう。

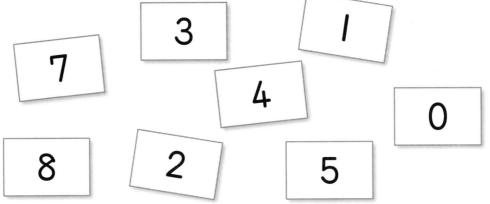

こたえ： □ と □ 、 □ と □ 、 □ と □

2 さいころは　はんたいの　めんに　かかれた
目の　かずの　ごうけいが　7に　なるように
つくられて　います。

(1) ▯ の　めんの　はんたいに　かかれた　目を　かきましょう。

(2) ▯ の　めんの　はんたいに　かかれた　目を　かきましょう。

(1) □ 　　(2) □

こたえ：

3 つぎの □ に あてはまる かずを こたえましょう。

(1) 2と 4と 3を あわせると □ です。

(2) 5と 2と □ を あわせると 10です。

(3) 1と □ と 4を あわせると 10です。

(4) □ と □ と □ を あわせると 9です。

  (3つの □ に おなじ かずを 入れましょう。)

4 みぎの れい のように、せんで つながった 下の だんの かずを あわせると 上の だんの かずに なる ように します。
下の (1)(2) に ついて、□ に 入る かずを こたえましょう。

れい

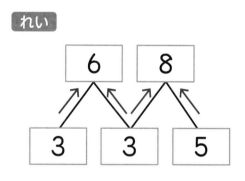

(1)   (2)

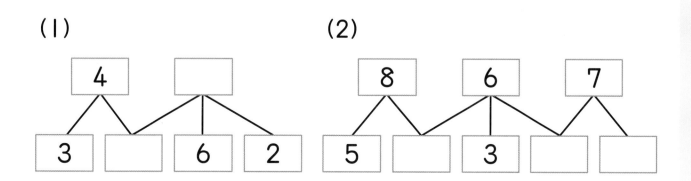

確認問題

もんだい1 下の とおりです。

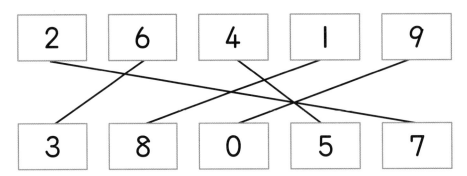

もんだい2

(1) 6　　(2) 5　　(3) 1

(4) れい　1と9、2と8、3と7

　　　　4と6、5と5、10と0

(はんたいの じゅんばんでも 正かいです)

もんだい3

(1)

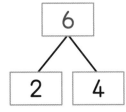

(2)

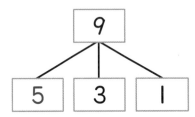

(3)

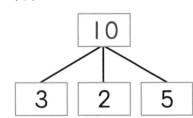

(4)

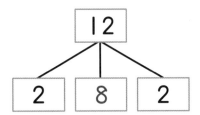

もんだい4

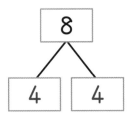

1 0と8、1と7、3と5

　（はんたいの　じゅんばんでも　正かいです）

2 (1) 　　　　(2)

> め
> 目の　かずが　あって
> いれば　むきは
> ちがっても
> せい
> 正かいです

3 (1) 9　　(2) 3　　(3) 5　　(4) 3、3、3

（せつめい）

2つずつ　じゅんばんに　くみあわせましょう。

(4) 1と　1と　1で　3、2と　2と　2で　6、3と　3と　3で　9の
ように、じゅんばんに　しらべます。

4 下の　とおりです。

　　　(1)　　　　　　　　　　　　　　　(2)

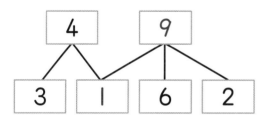　　　　　　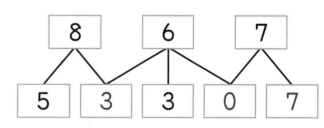

（せつめい）

(1) (2) とも、左がわから　じゅんばんに　きめられます。

(2) 〈左がわ〉 8を　5と　☐　に　わけて　います。

　　〈まん中〉 6を　3と　3と　☐　に　わけて　いますが、3と　3

　　を　あわせると　6なので、☐　は　0です。

　　〈右がわ〉 7を　0と　☐　に　わけて　います。

考える 力を のばす 問題 ②

もんだい1 6この みかんを さとるくんと かずこさんで わけます。2人が もらう みかんの こすうの くみあわせを すべて こたえましょう。ただし、2人が もらう みかんの こすうは ちがって いても よいですが、0こには ならない ものと します。

こたえ:

さとるくん	こ	こ	こ	こ	こ
かずこさん	こ	こ	こ	こ	こ

もんだい2 大、中、小の おさらに いちごが あわせて 10こ のって います。のって いる いちごの こすうは、大きい おさらが いちばん おおく、小さい おさらが いちばん すくないです。また、3つの おさらに のって いる いちごの こすうは すべて ちがい、どの おさらにも すくなくとも 2こは いちごが のって います。この とき、大、中、小の おさらに のって いる いちごは それぞれ なんこでしょうか。

こたえ: 大　　こ、中　　こ、小　　こ

もんだい1

さとるくん	1こ	2こ	3こ	4こ	5こ
かずこさん	5こ	4こ	3こ	2こ	1こ

（じゅんばんが　ちがっても　正かいです）

（せつめい）

あわせて　6に　なる　くみを　すべて　しらべます。

さとるくんが　おおい　ばあいと、かずこさんが　おおい　ばあいが　ある　ことに　気を　つけます。

もんだい2　大　5こ、中　3こ、小　2こ

（せつめい）

①小が　2この　ときを　かんがえます。

　この　とき、大と　中で　あわせて　8こで、中は　2こより　おおいです。

　中が　3この　とき、大は　5こです。

　中が　4この　とき、大は　4こですが、これでは　大と　中が　おなじ　こすうに　なって　しまいます。

②小が　3この　ときを　かんがえます。

　この　とき、いちばん　すくなくても　中が　4こ、大が　5こに　なり、あわせて　12こで、10こを　こえて　しまいます。

　おうちの方へ

もんだい1はすべてのタイプが出ていれば、順番は違っても正解です。ただ、高学年で場合の数を学習することを考えると、小→大（またはその逆）といった順番どおりに調べられるほうがより好ましいので、思いついた順序で答えている場合は、この点もご指導ください。

たしざんと ひきざん

～けいさんを つかったパズル～

れいだい1
上と 下で、けいさんした こたえが おなじ に なる ものを せんで むすびましょう。

| 3 + 5 | 6 + 8 | 11 − 2 | 7 + 3 | 13 − 9 |

| 1 + 3 | 7 + 7 | 12 − 4 | 9 + 0 | 15 − 5 |

せつめい

上の だんを けいさんすると、
左から 8、14、9、10、4 です。
下の だんを けいさんすると、
左から 4、14、8、9、10 です。

こたえ:

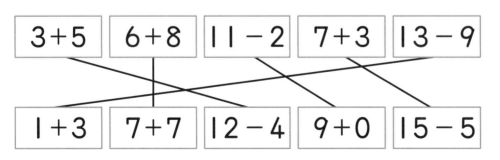

ぜんぶ けいさんして みると わかるね

れいだい2

つぎの けいさんが 正しく なるように、□に かずを 入れましょう。

(1) 4 + □ = 10　　(2) 8 − □ = 5

(3) □ − 4 = 2

せつめい

わかりにくい ばあいは、ずのように ○を かいたり、おはじきを つかったり して かんがえましょう。

(1) 4こと なんこかを あわせて 10こに します。

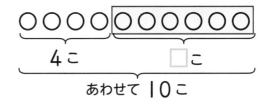

(2) 8こから なんこか とると のこりは 5こです。

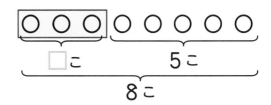

(3) なんこか ある ところから 4こ とると のこりは 2こに なります。

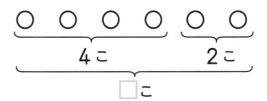

こたえ: (1) 6　(2) 3　(3) 6

🏠 おうちの方へ

ここではたし算、ひき算を使った問題を学習します。**れいだい2** のような1桁どうしのたし算とその逆のひき算はぱっと出てくるようにしたいです。一方で、**せつめい** に挙げたような、○やおはじきへの読み替えは、文章題と式を対応させる導入として重要です。

こたえと せつめいは、32 ページ

もんだい１ 上（うえ）と 下（した）で、けいさんした こたえが おなじ に なる ものを せんで むすびましょう。

5＋6	8－3	11－4	3＋0	6＋4

9－2	3＋8	13－3	7－4	10－5

もんだい２ 上（うえ）と 下（した）で、けいさんした こたえが おなじ に なる ものを せんで むすびましょう。

3＋4＋5	8＋6－7	11－5＋2	12－4－3

1＋4＋2	5＋9－6	10－7＋2	18－4－2

３つの けいさんは
左（ひだり）から するんだよ

28

もんだい3 つぎの けいさんが 正しく なるように、□ に かずを 入れましょう。

(1) □ ＋ 4 ＝ 9

(2) □ － 3 ＝ 7

(3) 3 ＋ 2 ＋ □ ＝ 10

(4) 12 － 4 － □ ＝ 7

(3)(4)は まず 左に ある「3 ＋ 2」「12 － 4」を 先に けいさんして みよう

もんだい4 つぎの けいさんが 正しく なるように、□ に ＋か －を 入れましょう。

(1) 7 □ 2 □ 4 ＝ 5

(2) 9 □ 5 □ 3 ＝ 1

(3) 6 □ 3 □ 5 ＝ 8

こたえと　せつめいは、33 ページ

1 下（した）の　中（なか）から　こたえが　8に　なる　カードを　すべて　えらび、〇で　かこみましょう。

4+7

13-7-2

9-3+2

12-4

0+0

3+5+2

8-0

6+3-1

2 下（した）の　カードを　こたえが　小（ちい）さい　ものから　じゅんばんに　ならべ、ア～カの　きごうで　こたえましょう。

ア | 3+5 |
イ | 10-4 |

ウ | 9-9 |
エ | 5+0 |

オ | 7-6+1 |
カ | 8+7-6 |

すべての　カードを
けいさんして　みると
わかるね

こたえ：　　　　→　　　　→　　　　→　　　　→　　　　→

3 左の カードと 右の カードの こたえが おなじに なる
ように、□ に かずを 入れましょう。

(1) $4+3$ $9-\boxed{}$

(2) $3+\boxed{}$ $12-2$

(3) $4+3+2$ $13-3-\boxed{}$

4 下のような かず が
かかれた カードが １まいず
つ あります。これらの カー
ドを １まいずつ つかって、
右の ３つの しきが 正し
く なるように 入れましょう。

$$\boxed{} + \boxed{} = 8$$

$$\boxed{} + \boxed{} = 10$$

$$\boxed{} - \boxed{} = 3$$

カード

$\boxed{2}$ $\boxed{3}$ $\boxed{5}$

$\boxed{6}$ $\boxed{7}$ $\boxed{8}$

おなじ カードは
１かいだけしか
つかえないよ

確認問題

もんだい1

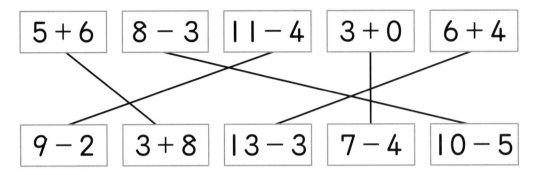

| 5＋6 | 8－3 | 11－4 | 3＋0 | 6＋4 |

| 9－2 | 3＋8 | 13－3 | 7－4 | 10－5 |

もんだい2

| 3＋4＋5 | 8＋6－7 | 11－5＋2 | 12－4－3 |

| 1＋4＋2 | 5＋9－6 | 10－7＋2 | 18－4－2 |

もんだい3　(1) 5　　(2) 10　　(3) 5　　(4) 1

（せつめい）

(3) 3＋2＝5　なので、5＋□＝10　に　なります。

(4) 12－4＝8　なので、8－□＝7　に　なります。

もんだい4　(1) 7　＋　2　－　4＝5

　　　　　　(2) 9　－　5　－　3＝1

　　　　　　(3) 6　－　3　＋　5＝8

1 | 9－3＋2 | | 12－4 | | 8－0 | | 6＋3－1 |

2 ウ → オ → エ → イ → ア → カ

（せつめい）
けいさんした こたえは つぎの とおりです。
ア 8、イ 6、ウ 0、エ 5、オ 2、カ 9

3 (1) 2　　(2) 7　　(3) 1

4 | 2 | ＋ | 6 | ＝ 8 、

| 3 | ＋ | 7 | ＝ 10

| 8 | － | 5 | ＝ 3

| 2 | ＋ | 6 | ＝ 8 は
| 6 | ＋ | 2 | ＝ 8
| 3 | ＋ | 7 | ＝ 10 は
| 7 | ＋ | 3 | ＝ 10
でも 正かいです。

（せつめい）
6まいの カードの うち 2まいを たして 8に なる くみあわせは、
| 2 ＋ | 6 |（または | 6 ＋ | 2 |）か | 3 ＋ | 5 |（または | 5 ＋ | 3 |） です。
①「| 2 ＋ | 6 |」の とき、のこりの | 3 | 5 | 7 | 8 | を つかって、
たして 10に なる くみあわせは | 3 ＋ | 7 |（または | 7 ＋ | 3 |） です。
この とき のこった カードで | 8 － | 5 |＝3が つくれます。
②「| 3 ＋ | 5 |」の とき、のこりの | 2 | 6 | 7 | 8 | を つかって、
たして 10に なる くみあわせは | 2 ＋ | 8 |（または | 8 ＋ | 2 |） です。
この とき のこった カードの | 6 |と | 7 |では 3に なる ひきざん
は つくれません。

考える 力を のばす 問題 ③

もんだい つぎのように ある きまりに したがって きごう または かずが ならんで います。☐ に 入る きごう または かずを こたえましょう。

(1) △ ▽ ▲ ▼ △ ▽ ▲ ▼ △ ☐ ▲ ▼ ……

(2) 1 2 1 1 2 1 1 ☐ 1 1 2 ……

(3) 2 4 6 8 10 ☐ 14 16 18 ……

(4) 100 90 80 70 60 ☐ 40 30 20 ……

(5) 1 2 2 3 3 3 4 4 4 ☐ 5 5 ……

(6) 1 2 3 ☐ 4 4 2 2 2 2

(6)は、1〜10を かん字で かくと どう なるか かんがえて みよう

こたえと せつめい

(1) ▽

（せつめい）

「△　▽　▲　▼」が　くりかえし　ならんで　います。

(2) 2

（せつめい）

「1　2　1」が　くりかえし　ならんで　います。

(3) 12

（せつめい）

まえの　かずより　2　大きい　かずが　つぎの　かずです。

(4) 50

（せつめい）

まえの　かずより　10　小さい　かずが　つぎの　かずです。

(5) 4

（せつめい）

まえから「1が　1こ」「2が　2こ」「3が　3こ」のように　ならんで　います。

(6) 5

（せつめい）

1から　10までを　かん字で　かくと

一　二　三　四　五　六　七　八　九　十

です。この　かくすうが　じゅんばんに　ならんで　います。

🏠 おうちの方へ

ここでは、規則を見つける問題を扱いました。答えが出た場合も、どのような規則で答えを出したのか、お子さんに聞いてあげてください。

ぶんしょうだい 1

〜たしざんかな？　ひきざんかな？〜

れいだい 1　おさらの　上に　みかんが　4こ、りんごが

7こ　あります。

(1) おさらの　上に　くだものは　あわせて　なんこ　ありますか。

(2) みかんと　りんごでは　どちらが　なんこ　おおいですか。

せつめい

(1) みかん

りんご

「あわせる」　ときは
たしざんに　なります。

【しき】　4 + 7 = 11

こたえ：　11こ

(2) みかん

りんご

ちがいを　かんがえる
ときは　ひきざんに
なります。

【しき】　7 − 4 = 3

こたえ：　りんごが　3こ　おおい

「どちらが」「なんこ　おおいですか」と
2つの　ことが　きかれて　いるよ

れいだい 2

りんごが　4こ　あります。みかんは　りんごよりも　3こ　おおく、ももは　りんごよりも　2こ　すくないそうです。

(1) みかんは　なんこ　ありますか。

(2) ももは　なんこ　ありますか。

せつめい

(1) りんご 🍎🍎🍎🍎

みかん 🍊🍊🍊🍊🍊🍊🍊
　　　　　　　　3こ　おおい

みかんの　ほうが
りんごより　おおいので
たしざんです。

【しき】　4 + 3 = 7

こたえ：　7こ

(2) りんご 🍎🍎🍎🍎

もも 🍑🍑
　　　2こ　すくない

ももの　ほうが
りんごより　すくないので
ひきざんです。

【しき】　4 − 2 = 2

こたえ：　2こ

🏠 おうちの方へ

ここでは、文章からたし算、ひき算のどちらになるか判断する問題に取り組みます。「合わせる」「多い」からたし算など一方的に教えてしまうと、間違いのもとであるばかりか、文章の意味を理解しないで解くという誤った学習習慣につながってしまいます。わからない場合は、文章のとおりに絵などに描かせたうえで、どのような計算をすればよいか考えさせてみてください。

こたえと　せつめいは、42 ページ

もんだい1 はこの　<ruby>中<rt>なか</rt></ruby>に　<ruby>赤<rt>あか</rt></ruby>い　ボールが　7こ、<ruby>青<rt>あお</rt></ruby>い　ボールが　5こ　<ruby>入<rt>はい</rt></ruby>って　います。

(1) はこの　<ruby>中<rt>なか</rt></ruby>の　ボールは　あわせて　なんこですか。

<ruby>赤<rt>あか</rt></ruby>い　ボール

<ruby>青<rt>あお</rt></ruby>い　ボール

【しき】

こすうを　○で
かいて　みよう

こたえ：_____

こたえには　たんいを
わすれないでね

(2) <ruby>赤<rt>あか</rt></ruby>い　ボールと　<ruby>青<rt>あお</rt></ruby>い　ボールでは　どちらが　なんこ　おおい　ですか。

【しき】

こたえ：_____

きかれて　いる　ことは
なんだったかな？

もんだい2 はこの 中に トマトと じゃがいもと ピーマンが 入って います。トマトは 6こ あるそうです。

(1) じゃがいもは トマトより 3こ おおいです。じゃがいもは なんこ 入って いますか。

じゃがいも

トマト

こすうを ○で かいて みてね

<table>
<tr><td></td><td>こ おおい</td></tr>
</table>

【しき】

こたえ：

(2) ピーマンは トマトより 2こ すくないです。ピーマンは なんこ 入って いますか。

トマト

ピーマン

<table>
<tr><td></td><td>こ すくない</td></tr>
</table>

【しき】

こたえ：

こたえと　せつめいは、42〜43ページ

1 みかんが　7こ　あります。りんごは　みかんより　3こ　すくなく、ももは　りんごよりも　4こ　おおいそうです。

(1) りんごは　なんこ　ありますか。

【しき】

こたえ：_____

(2) ももは　なんこ　ありますか。

【しき】

こたえ：_____

2 花（か）だんに　赤（あか）い　花（はな）と　白（しろ）い　花（はな）が　さいて　います。赤（あか）い　花（はな）は　7本（ほん）　さいて　いて、白（しろ）い　花（はな）は　赤（あか）い　花（はな）より　2本（ほん）　すくないです。

(1) 白（しろ）い　花（はな）は　なん本（ぼん）　さいて　いますか。

【しき】

こたえ：_____

(2) 赤（あか）い　花（はな）と　白（しろ）い　花（はな）は　あわせて　なん本（ぼん）　さいて　いますか。

【しき】

こたえ：_____

3 おさらの 上^{うえ}に いちごと さくらんぼが あります。いちご は 7こ あり、いちごは さくらんぼよりも 3こ すくないそう です。さくらんぼは なんこ ありますか。

いちご

さくらんぼ

こすうを ○で かいて みよう

【しき】

こたえ:＿＿＿＿＿＿＿＿＿＿

4 イヌと サルと ネコが います。イヌは 8ひき いて、サ ルは ネコより 3びき すくなく、サルは イヌより 4ひき お おいそうです。

(1) サルは なんひき いますか。

【しき】

こたえ:＿＿＿＿＿＿＿＿＿＿

(2) ネコは なんひき いますか。

【しき】

こたえ:＿＿＿＿＿＿＿＿＿＿

サルと ネコでは どちらが おおいかな？

もんだい1　(1) 12こ　　(2) 赤い　ボールが　2こ　おおい

(1)【しき】7 + 5 = 12

(2)【しき】7 − 5 = 2

もんだい2　(1) 9こ　　(2) 4こ

(1)　3　【しき】6 + 3 = 9

(2)　2　【しき】6 − 2 = 4

れんしゅうもんだい
練習問題

1　(1) 4こ　　(2) 8こ

(1)【しき】7 − 3 = 4　　みかん

りんご

3こ　すくない

(2)【しき】4 + 4 = 8　　りんご

もも

4こ　おおい

2　(1) 5本　　(2) 12本

(1)【しき】7 − 2 = 5　　赤い　花

白い　花

2本　すくない

(2)【しき】7 + 5 = 12

3 10こ

（せつめい）

「いちごは さくらんぼより ３こ すくない」と いう ことは、さくらんぼの ほうが おおい ことに なります。

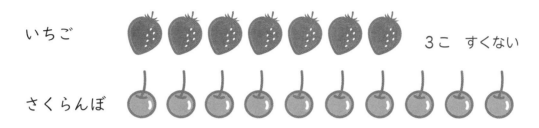

いちご　　　　　　　　　　　　　　　　　　　　　３こ すくない

さくらんぼ

【しき】7 ＋ 3 ＝ 10

4 （1）12ひき　　（2）15ひき

（せつめい）

（1）イヌと サルに ついて、「サルは イヌより ４ひき おおい」と かかれて います。

【しき】8 ＋ 4 ＝ 12

（2）サルと ネコに ついて、「サルは ネコより ３びき すくない」と かかれて いるので、ネコは サルよりも ３びき おおいです。

【しき】12 ＋ 3 ＝ 15

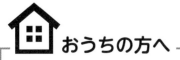
おうちの方へ

3 4 でたし算とひき算を逆にしてしまった場合、「多い」「少ない」という表現だけに飛びついて、たし算・ひき算を判断してしまった可能性が高いです。このような場合は式を立てる前に問題の状況把握をきちんと行う習慣をつけることが重要になります。

たとえば もんだい3 では、「いちごとさくらんぼではどちらが多いかな？」というような声掛けで状況把握を促したうえで、問題に書かれた状況を絵や図に描かせるようにしてみてください。

📈 考える 力を のばす 問題 ④

もんだい つぎの れい のように かずが かかれた カードを 入れると ある きまりに したがって べつの かずが かかれた カードを 出す はこが あります。

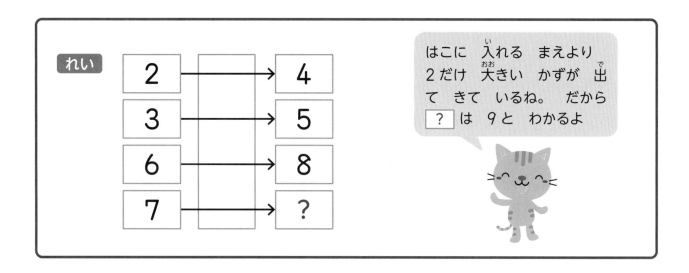

れい

2	→	4
3	→	5
6	→	8
7	→	?

はこに 入れる まえより 2だけ 大きい かずが 出て きて いるね。 だから ? は 9と わかるよ

つぎの ばあいの ? に あてはまる かずを こたえましょう。

(1)
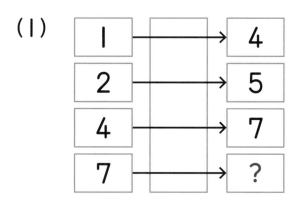

1	→	4
2	→	5
4	→	7
7	→	?

(2)
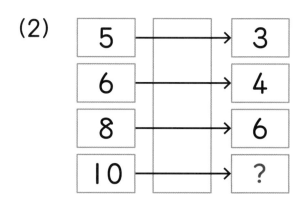

5	→	3
6	→	4
8	→	6
10	→	?

(3)
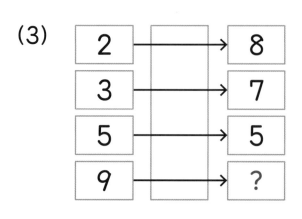

2	→	8
3	→	7
5	→	5
9	→	?

(4)
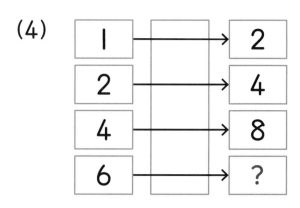

1	→	2
2	→	4
4	→	8
6	→	?

(5)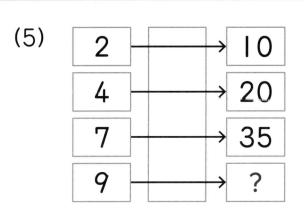

2本の はりが ついた とけいを みて みよう。とけいの みかたは 66ページで 学ぶよ。

こたえ: (1)　　(2)　　(3)　　(4)　　(5)

小1④　こたえと せつめい

(1) 10
(せつめい) 入れた カードに かかれた かずよりも 3 大きい かずが かかれた カードが 出て きます。

(2) 8
(せつめい) 入れた カードに かかれた かずよりも 2 小さい かずが かかれた カードが 出て きます。

(3) 1
(せつめい) 10-2＝8や 10-3＝7のように、10から 入れた カードに かかれた かずを ひいた かずが かかれた カードが 出て きます。

(4) 12
(せつめい) 1+1＝2や 2+2＝4のように、入れた カードに かかれた かずを 2かい たした かずが かかれた カードが 出て きます。

(5) 45
(せつめい) とけいで ながい はりが 入れた すうじを さして いる とき、「2→10ぷん」「4→20ぷん」のように、あらわす 「ふん」の かずが 出て きます。

ぶんしょうだい ②

～3ついじょうの たしざん・ひきざん～

れいだい 1 たかしくんは えんぴつを 6本 もって います。はるかさんから えんぴつを 5本 もらい、あやかさん から えんぴつを 3本 もらいました。たかしくんは えんぴつを なん本 もって いますか。

せつめい

ずに あらわして みましょう。

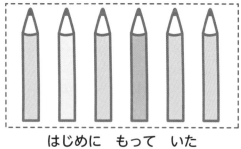 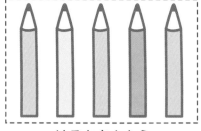 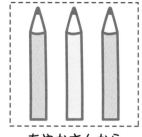

はじめに もって いた　　　　はるかさんから　　　　あやかさんから
　　えんぴつ　　　　　　　　もらった もの　　　　もらった もの

ふえて いるので、たしざんですね。

【しき】　6 + 5 = 11
　　　　11 + 3 = 14

こたえ： 14本

しきは 6 + 5 + 3 = 14
のように まとめて かく
ことも できるよ

れいだい2 バスに おきゃくさんが 8人 のって います。1つ目の バスていで 3人 おりましたが、2つ目の バスていで なん人か のったので、おきゃくさんは 11人に なりました。2つ目の バスていで バスに のった 人は なん人ですか。

せつめい

1つずつ わけて かんがえて みましょう。

8 − 3 = 5 で
5人 のこって
いるね

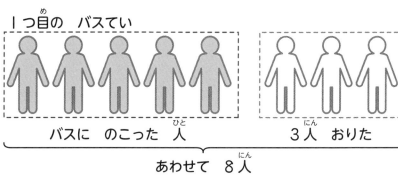

1つ目の バスてい

バスに のこった 人 ／ 3人 おりた

あわせて 8人

2つ目の バスてい

5人 のこって いる ／ バスに のった 人

あわせて 11人

11 − 5 = 6 で
6人 のったよ

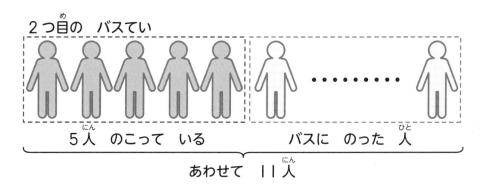

【しき】　8 − 3 = 5
　　　　11 − 5 = 6

こたえ： 6人

🏠 おうちの方へ

文章に書かれた状況を正しくイメージすることが、たし算かひき算かの判断につながります。上の説明では人の絵で描いていますが、お子さんが解く場合には○などの記号で描いて構いません。イメージがつかみにくいようであれば、おはじきなどの具体物を使いながら1つ1つ一緒に考えてあげてください。

こたえと　せつめいは、52 ページ

もんだい1　はるかさんは　おはじきを　13こ　もって　います。さゆりさんに　おはじきを　5こ　わたし、みかさんに　おはじきを　4こ　わたしました。はるかさんは　いま　おはじきを　なんこ　もって　いますか。

5こ　　　　　　　　4こ

（　　　　　　）さんに　　　（　　　　　　）さんに
わたした　おはじき　　　わたした　おはじき

13こ

（　　　　　　）に　なまえを
かいて　みよう

【しき】

□ － □ ＝ □　…さゆりさんに　わたした　あとの　おはじき

□ － □ ＝ □　…みかさんに　わたした　あとの　おはじき

こたえ：＿＿＿＿＿＿＿＿＿＿

（べつの　ときかた）

1つの　しきで
かいて　みよう

□ － □ － □ ＝ □

もんだい2 おさらの 上(うえ)に いちごが 11こ のって います。みかさんが やってきて いちごを 3こ たべました。その あと、ゆきさんが やってきて、いちごを なんこか たべた ところ、おさらの 上(うえ)の いちごは 6こに なりました。ゆきさん が たべた いちごは なんこですか。

みかさんが たべた あと、
いちごは なんこに
なったかな？

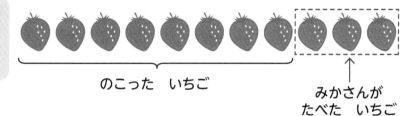

のこった いちご

みかさんが
たべた いちご

ゆきさんは いちごを
なんこ たべたかな？

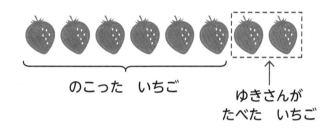

のこった いちご

ゆきさんが
たべた いちご

ここまでの ことを
しきで かいて みよう

【しき】

☐ ― ☐ ＝ ☐ …みかさんが たべた あとに
のこった いちご

☐ ― ☐ ＝ ☐ …ゆきさんが たべた いちご

こたえ：

こたえと せつめいは、52〜53ページ

1 先生が おりがみを なんまいか もって います。まりさん に 3まい、さおりさんに 4まい あげた ところ、先生の もっ て いる おりがみは 5まいに なりました。先生が はじめに もって いた おりがみは なんまいですか。

【しき】

こたえ:

2 たかしくんは あめを 11こ もって います。きのう あ めを 4こ、きょう あめを 3こ たべました。その あと、おか あさんから 2こ、おねえさんから なんこか あめを もらったの で、たかしくんの あめは 10こに なりました。

(1) おかあさんと おねえさんから もらう まえ、たかしくんの あめは なんこでしたか。

【しき】

こたえ:

(2) おねえさんから もらった あめは なんこですか。

【しき】

こたえ:

3 こうえんに 男の子が 8人と、女の子が 6人 います。
男の子が 5人と 女の子が 4人 やってきました。その あと、
男の子が 6人と、女の子が なん人か かえったので、男の子と
女の子の 人ずうが おなじに なりました。

(1) 男の子は なん人に なりましたか。

【しき】

男の子に ついて かかれて
いる ところに [___]を
つけて みよう

こたえ：_____

(2) とちゅうで かえった 女の子は なん人ですか。

【しき】

こたえ：_____

女の子に ついて かかれている
ところに _____を ひいて みよう

確認問題

もんだい1 4こ

【しき】

| 13 | − | 5 | = | 8 |

| 8 | − | 4 | = | 4 |

（べつの ときかた）

| 13 | − | 5 | − | 4 | = | 4 |

13−5−4は ひだりの
13−5を さきに けいさん
するよ

もんだい2 2こ

【しき】

| 11 | − | 3 | = | 8 |

| 8 | − | 6 | = | 2 |

練習問題

1 12まい

（せつめい）

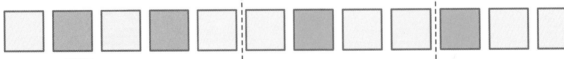

先生の のこった
おりがみ 5まい

さおりさんに あげた
おりがみ 4まい

まりさんに あげた
おりがみ 3まい

【しき】5＋4＝9
9＋3＝12
（または 5＋4＋3＝12）

※5＋3＝8
8＋4＝12
（または 5＋3＋4＝12）
でも 正かいです。

2 （1）4こ　　（2）4こ

（せつめい）

（1）

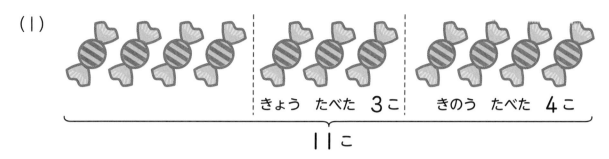

【しき】 11 － 4 ＝ 7
　　　 7 － 3 ＝ 4　　　（または　11 － 4 － 3 ＝ 4）

（2）

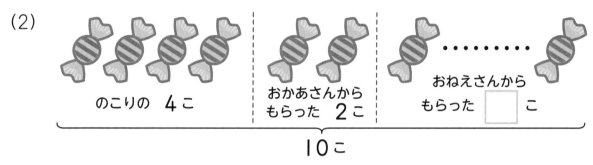

【しき】 4 ＋ 2 ＝ 6
　　　 10 － 6 ＝ 4

3 （1）7人　　（2）3人

（せつめい）

こうえんに 男の子が 8人 と、女の子が 6人 います。男の子が 5人 と 女の子が 4人 やってきました。その あと、男の子が 6人 と、女の子が なん人か かえったので、男の子と 女の子の 人ずうが おなじに なりました。

（1）【しき】 8 ＋ 5 ＝ 13
　　　　 13 － 6 ＝ 7
（2）女の子は 男の子と おなじ 人ずうに なったので、7人に なりました。
　　【しき】 6 ＋ 4 ＝ 10
　　　　 10 － 7 ＝ 3

考える 力を のばす 問題⑤

もんだい1 さなえさんは スーパーに かいもの
に いきました。じゃがいもを 3こ、いちごを 6こ、
たまねぎを 2こ、トマトを 4こ、りんごを 3こ、
みかんを 8こ かいました。さなえさんは くだもの
を あわせて なんこ かいましたか。

くだものは
どれかな？

【しき】

こたえ：

もんだい2 たかしくんと とおるくんと ひろしくんは き
ょうだいです。たかしくんは 8さいで、とおるくんは たかしくん
よりも 2さい 年下です。とおるくんは チョコレートを 7こ
もって おり、たかしくんは とおるくんよりも チョコレートを
3こ おおく もって います。とおるくんよりも 1さい 年下
の ひろしくんは、チョコレートを 6こ もって いましたが、3
こ たべて しまいました。そこで、たかしくんと とおるくんは
ひろしくんに 2こずつ チョコレートを あげました。いま、たか
しくんは チョコレートを なんこ もって いますか。

【しき】

こたえ：

もんだい1 17こ

(せつめい)

もんだいに 出て くる ものの うち、くだものは いちごと りんごと みかんです。

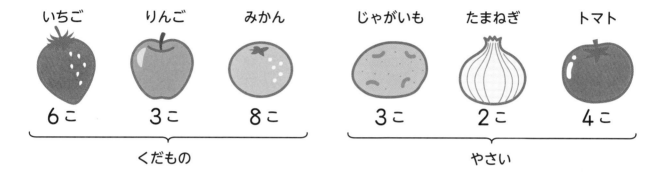

いちご	りんご	みかん	じゃがいも	たまねぎ	トマト
6こ	3こ	8こ	3こ	2こ	4こ

くだもの　　　　　　　　　　　　やさい

【しき】 6 + 3 + 8 = 17

もんだい2 8こ

たかしくんの もって いる
チョコレートに ついて
かかれた ところを
ぬきだして みよう

(せつめい)

とおるくんは チョコレートを 7こ もって おり、たかしくんは とおるくんよりも チョコレートを 3こ おおく もって います。

ここから、たかしくんが はじめに もって いた チョコレートは 7 + 3 = 10の 10こと わかります。

たかしくんと とおるくんは ひろしくんに 2こずつ チョコレートを あげました。

この ことから、たかしくんの もって いる チョコレートは 10 − 2 = 8の 8こに なった ことが わかります。

ぶんしょうだい 3

〜 「なんばん目」の もんだい〜

れいだい1 子どもたちが、１れつに ならんで います。

ちさとさんは まえから ４ばん目、うしろから ５ばん目に

ならんで います。

(1) ちさとさんの まえには なん人 ならんで いますか。

(2) ちさとさんの うしろには なん人 ならんで いますか。

(3) ぜんぶで なん人 ならんで いますか。

上の えを 見ながら
かくにんしよう

せつめい

(1) ちさとさんが まえから ４ばん目と いう ことは、
ちさとさんを 入れて ４人と いう ことです。

【しき】 ４－１＝３　　　　こたえ： ３人

(2) (1) と おなじように かんがえます。

【しき】 ５－１＝４　　　　こたえ： ４人

(3) まえの ３人と、うしろの ４人と ちさとさんが います。

【しき】 ３＋１＋４＝８　　　　こたえ： ８人

れいだい2 花だんに 20本の 花が よこ 1れつに ならんで さいて います。左から 8本目は 赤い バラでした。この 赤い バラは、右から かぞえると なん本目に ありますか。

せつめい

20本の 花を かくのは たいへんだね

もんだいの とおりに ぜんぶ かくのは たいへん なので、下のように かく ことに します。

左 ① ② ⑦ ⑧ ⑨ ⑲ ⑳ 右
赤い バラ

この とき、赤い バラ（●）の 左には 8−1＝7の 7本 の 花が あるので、のこりは 赤い バラを 入れて 20−7＝13の 13本です。

【しき】　8−1＝7
　　　　20−7＝13

こたえ： **13本目**

おうちの方へ

ここではチャプター1で学習した「何番目」について、計算で求める方法を学習します。問題文の数字につられて計算すると1ずれやすいですが、そこで「ここは1をひく」など手順を教えても、その場ではできてもすぐに忘れてしまいます。ずれてしまう場合、問題文の状況を正しく理解しない（できない）まま解いているので、絵や図などに整理してから解くようお声掛けください。数が大きい問題も出てくるので、**れいだい2** のような省略した表記に慣れることも重要です。

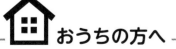

もんだい1 10<ruby>人<rt>にん</rt></ruby>の <ruby>子<rt>こ</rt></ruby>どもたちが 1れつに ならんで います。なおきくんは まえから 4ばん<ruby>目<rt>め</rt></ruby>に います。

しきを かいて けいさんで
こたえて みよう！

（1）なおきくんの まえには なん<ruby>人<rt>にん</rt></ruby> ならんで いますか。

【しき】

こたえ：＿＿＿＿＿＿＿

（2）なおきくんは うしろから なんばん<ruby>目<rt>め</rt></ruby>に ならんで いますか。

【しき】

こたえ：＿＿＿＿＿＿＿

こたえが あって いるか
かぞえて たしかめて みよう

58

もんだい2　おおくの いえが ならんで たって います。

みきさんの いえは 左から かぞえると 10けん目に あり、右から かぞえると 9けん目に あります。なんけんの いえが ならんで たって いますか。

> 下の ずを 見ながら 2とおりの ときかたで かんがえて みよう

みきさんの
いえ

左から ① ② ⑨ ⑩

◯ ◯ ……… ◯ ⬤ ◯ ……… ◯ ◯

⑨ ⑧ ② ① 右から

(ときかた1)

みきさんの いえより

左には ☐ ー ☐ ＝ ☐ の ☐ けん

右には ☐ ー ☐ ＝ ☐ の ☐ けん

の いえが たって います。みきさんの いえを あわせると ぜんぶで

☐ ＋ ☐ ＋ ☐ ＝ ☐ の ☐ けんです。

(ときかた2)

上の ずを 見ると、10ばん目の 10と、9ばん目の 9を たすと、みきさんの いえを 2かい かぞえて います。この ことから、つぎのように けいさんできます。

【しき】

☐ ＋ ☐ ー ☐ ＝ ☐

こたえ：

こたえと　せつめいは、62～63ページ

1 13人が　1れつに　ならんで　います。ゆきさんは　まえから　4ばん目で、はるかさんは　うしろから　3ばん目です。

(1) ゆきさんは　うしろから　なんばん目ですか。

【しき】

こたえ:

(2) はるかさんの　まえには　なん人　ならんで　いますか。

【しき】

こたえ:

(3) ゆきさんと　はるかさんの　あいだには　なん人　ならんで　いますか。

【しき】

こたえ:

(4) はるかさんは　ゆきさんより　なん人　うしろに　ならんで　いますか。

【しき】

こたえ:

2 でんせんに とりが ならんで とまって います。その ほとんどは スズメでしたが、中_{なか}に 2わだけ ハトが いました。ハトは 左_{ひだり}から 6わ目_めと 右_{みぎ}から 7わ目_めに おり、2わの ハトの あいだには スズメが 4わ いました。スズメは なんわ とまって いますか。

【しき】

こたえ:
_____

3 なん人_{にん}かの 子_こどもが 1れつに ならんで います。けんじくんは まえから 9ばん目_めで、さとるくんは うしろから 7ばん目_めです。また、けんじくんと さとるくんの あいだには 3人_{にん} ならんで います。

(1) さとるくんが けんじくんより うしろに いると すると、ぜんぶで なん人_{にん} ならんで いますか。

【しき】

こたえ:
_____

(2) さとるくんが けんじくんより まえに いると すると、ぜんぶで なん人_{にん} ならんで いますか。

【しき】

こたえ:
_____

小1 ⑥ こたえと せつめい

確認問題

もんだい1 (1) 3人　　(2) 7ばん目
　　　　　　(1)【しき】4 − 1 = 3　　(2)【しき】10 − 3 = 7

もんだい2 18けん

（ときかた 1）

| 10 | − | 1 | = | 9 | の | 9 | けん |

| 9 | − | 1 | = | 8 | の | 8 | けん |

| 9 | + | 1 | + | 8 | = | 18 | の | 18 | けん |

（ときかた 2）

| 10 | + | 9 | − | 1 | = | 18 |

練習問題

1 (1) 10ばん目　　(2) 10人　　(3) 6人　　(4) 7人

（せつめい）　きかれて いる ことが 「なん人」か 「なんばん目」かに 気を
　　　　　　つけて かんがえましょう。

(1)【しき】13 − 4 + 1 = 10
(2)【しき】13 − 3 = 10
(3)【しき】13 − 4 − 3 = 6
(4)【しき】6 + 1 = 7

 おうちの方へ

上の式は一例で、**もんだい2** で挙げたように、式を立てる考え方はいろいろあります。「この式はどのように考えて立てたのかな？」などと根拠を確認してあげてください。図に依存していても、「＋1」などの理由をお子さんなりに説明できていれば十分です。

2 15わ

【しき】5 + 6 + 4 = 15

(せつめい)

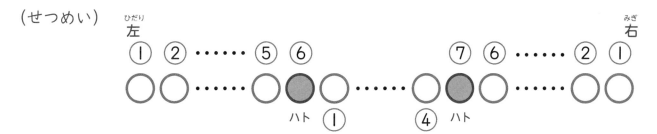

左の ハトの 左には 6 - 1 = 5の 5わ スズメが います。
右の ハトの 右には 7 - 1 = 6の 6わ スズメが います。
これと、2わの ハトの あいだには 4わの スズメが いるので、
5 + 6 + 4 = 15の 15わです。

3 (1) 19人　　(2) 11人

(1)【しき】9 + 7 + 3 = 19　　(2)【しき】5 + 7 - 1 = 11

(せつめい)

(1) まえ ① ② ・・・・・・ ⑧ ⑨

ずより、9 + 7 + 3 = 19の 19人です。

(2) まえ ① ② ③ ④ ⑤ ⑥ ⑦ ⑧ ⑨

⑦ ⑥ ⑤ ④ ③ ② ① うしろ

さとるくんと けんじくんの あいだは 3人より、さとるくんは けんじくんよ
り 3 + 1 = 4の 4人 まえに ならんで います。
さとるくんは まえから 9 - 4 = 5の 5ばん目なので、
ぜんぶで 5 + 7 - 1 = 11の 11人です。

考える 力を のばす 問題 6

もんだい 1 つぎの うち、5＋3で こたえを 出せる もんだいを すべて えらびましょう。

①みかんが 5こ あります。いもうとが きて、みかんを 3こ たべました。みかんは なんこに なりましたか。

②みかんが 5こ あります。かおりさんから みかんを 3こ もらいました。みかんは なんこに なりましたか。

③みかんが 5こ あります。ひろしくんから りんごを 3こ もらいました。みかんは なんこに なりましたか。

④みかんが 5こ あります。おかあさんが みかんを 3こ かって きました。みかんは なんこに なりましたか。

⑤みかんが 5こ あります。おばあさんが みかん 3こを しぼって ジュースを つくりました。みかんは なんこに なりましたか。

みかんは ふえて いるかな？
へって いるかな？

こたえ：＿＿＿＿＿＿＿＿＿＿＿＿＿＿

もんだい2 こたえを　11－7で　もとめられる　ぶんしょうだいを　つくって　みましょう。

もんだい3 こたえを　9－3＋5で　もとめられる　ぶんしょうだいを　つくって　みましょう。

小1⑥　　　こたえと　せつめい

もんだい1　②、④

（せつめい）

①と⑤：みかんが　3こ　へるので、5－3です。

③：りんごを　もらっても　みかんの　かずは　かわりません。

もんだい2 **もんだい3** は　もんだいを　つくったら　おうちの　人に　見せて　みよう

じこくと じかん

～とけいの 見<ruby>み</ruby>かたを 学<ruby>まな</ruby>ぼう～

れいだい1

(1) 下<ruby>した</ruby>の とけいが さして いる じこくを こたえましょう。

(2) 9じ30ぷんに なるように 下<ruby>した</ruby>の とけいに はりを かきましょう。

(2)では みじかい はりの ばしょに 気<ruby>き</ruby>を つけてね

せつめい

(1) みじかい はりが 4を さして いて、ながい はりが 12を さして いるので、4じです。

こたえ： **4じ**

(2) 30ぷんなので、ながい はりは 6を さして います。9じ30ぷんは 9じと 10じの あいだ なので、みじかい はりは 9と 10の あいだに あります。この ことから 右<ruby>みぎ</ruby>の ずのように なります。

れいだい2

ゆきさんは 2じ30ぷんに 学校から かえって きました。それから 30ぷんかん しゅくだいを した あと、まきさんと こうえんで あそび、5じに いえに かえって きました。

(1) ゆきさんが しゅくだいを おえたのは なんじですか。

(2) ゆきさんが こうえんで あそんで いたのは なんじかんですか。

せつめい

とけいの はりを かきながら かんがえましょう。

じっさいに とけいの はりを まわしながら かんがえても よいです。

学校から かえって
きたとき

しゅくだいを
おえたとき

いえに かえって
きたとき

(1) 2じ30ぷんの 30ぷんごなので 3じです。

(2) 3じから 5じまでなので、2じかん あそびました。

こたえ： (1) 3じ (2) 2じかん

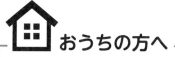

おうちの方へ

ここでは時間に関する問題を扱います。デジタル式の時計が主流となっていますが、時計の針を回しながら考えると、「30分が1時間の半分」といったイメージがつかみやすくなります。

また「時刻」と「時間」の概念の違いも重要です。れいだい2で(1)は時刻を聞かれているので「時」、(2)は時間を聞かれているので「時間」で答えることになります。

こたえと せつめいは、72 ページ

もんだい1

(1) 下の とけいが さして いる じこくを こたえましょう。

①

②

③

(2) かかれて いる じこくを あらわすように 下の とけいに
はりを かき入れましょう。

① 6 じ

② 10 じ 30 ぷん

③ 9 じ 15 ふん

みじかい はりを
どこに かくか
気を つけよう

もんだい2

(1) ひがし小学校では、1じかん目は 8じ45ふんに はじまり、45ふんかん じゅぎょうが あります。1じかん目が おわる じこくを こたえましょう。

はじまりと おわりの じかんを 右の とけいに かいて みよう

こたえ:

(2) ひがし小学校では、きゅうしょくが 1じ20ぷんに おわった あと、休みじかんが あり、1じ50ぷんから 5じかん目が はじまります。休みじかんは なんぷんかんですか。下の とけいに はりを かいてから かんがえましょう。

こたえの たんいにも 気を つけてね

こたえ:

1 右のように とけいが ある じこくを さして います。この 30 ぷんごの じこくを あらわす とけいを 下の ずに かき入れましょう。

30ぷんで ながい はりは どれだけ まわるかな？
この とき みじかい はり も うごいて いるよ

2 おかあさんが かいものに でかける まえに とけいを見ると 左のように なって いました。また、おかあさんが かいものから かえって きた ときには とけいは 右のように なって いました。おかあさんが かいものを して いた じかんは なんぷんかんですか。ただし、かいものを して いた じかんは 1じかんより みじかいです。

かいものに
でかける まえ

かえって
きた とき

こたえ：

3 たけしくんは いえを 7じ45ふんに 出て、学校へ ある
いて むかいました。いえから 学校まで 25ふん かかりました
が、学校が はじまる 10ぷんまえに つく ことが できました。
学校が はじまる じこくを こたえましょう。

こたえ:

4 みのるくんたちは 山のぼりに いきました。ごぜん10じに
えきを 出ぱつした ところ、ごご1じに 山ちょうに つきました。

(1) えきから 山ちょうまで なんじかん かかりましたか。

こたえ:

(2) みのるくんたちは 山ちょうで 1じかん 休けいした あと、
いきと おなじ じかんで えきまで もどりました。えきに
ついた じこくは なんじですか。ごぜん または ごご を つ
けて こたえましょう。

こたえ:

確認問題

もんだい1 (1) ①7じ　②5じ30ぷん　③9じ40ぷん

(2)　①　　　　　　②　　　　　　③

おうちの方へ

(2) ②③の短針の位置は、だいたい合っていれば正解としてください。

もんだい2 (1) 9じ30ぷん　(2) 30ぷんかん

(1)

はじまりの　じかん　　おわりの　じかん

(2)

きゅうしょくが　　　5じかん目が
おわる　じかん　　　はじまる　じかん

練習問題

1 右の ずの とおり

(せつめい)

とけいは 3じ30ぷんを さして いるので、
その 30ぷんごの 4じに なるように
はりを かきましょう。

2 45 ふんかん

（せつめい）

左の　とけいは　4 じ 45 ふん、右の　とけいは　5 じ 30 ぷんを　さして　います。
4 じ 45 ふんから　5 じまでは　15 ふん、5 じから　5 じ 30 ぷんまでは　30 ぷ
ん　あるので、15 ＋ 30 ＝ 45 の　45 ふんかんです。

3 8 じ 20 ぷん

（せつめい）

7 じ 45 ふんから　8 じまでは　15 ふん　あるので、たけしくんが　学校に　つい
たのは、25 － 15 ＝ 10 より、8 じ 10 ぷんです。
学校が　はじまるのは　その　10 ぷんごなので、8 じ 20 ぷんに　なります。

4 (1) 3 じかん　　(2) ごご 5 じ

（せつめい）

(1) ごぜんは　12 じまで　あります。
　　12 じまでは　12 － 10 ＝ 2 の　2 じかんなので、ごご 1 じまでは
　　2 ＋ 1 ＝ 3 の　3 じかんです。
(2) 1 ＋ 1 ＋ 3 ＝ 5 の　ごご 5 じです。

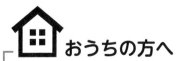

おうちの方へ

　2 で「5 時 30 分＝ 4 時 90 分」のように 60 を繰り下げる考え方もありますが、現段階では難しいものです。
もちろんこの方法で理解できるのであれば構いませんが、そうでない場合は上の解法のように「〇時ちょうど」
で分けるようにしてください。この 60 で次に進む感覚と、小 2 以降で主に学習する筆算の感覚が組み合わさる
と、繰り下げる計算の理解につながります。

考える 力を のばす 問題 7

もんだい1 かいもので お金を しはらう ことを かんがえます。つぎの それぞれの ばあいに、どのように しはらうと よいでしょうか。

れい に ならって こたえましょう。

れい 31円を ちょうど しはらいます。

こたえ: 1円玉を 1まい
10円玉を 3まい

(1) 72円を ちょうど しはらいます。

こたえ:

(2) 103円を ちょうど しはらいます。

こたえ:

(3) 57円の ものを かう とき、おつりを もらった あと
の さいふの 中に ある こうかの まいすうが なるべ
く すくなく なるように しはらいます。ただし、1円玉を
しはらって 1円玉を おつりで もらうような しはらいか
たを しては いけません。

こたえ:

小1⑦　こたえと　せつめい

(1) 1円玉を　2まい、10円玉を　2まい、50円玉を　1まい
(2) 1円玉を　3まい、100円玉を　1まい
(3) 1円玉を　2まい、10円玉を　1まい、50円玉を　1まい

(せつめい)

(3) おつりを　もらった　あと　さいふ
の　中は　83 − 57 = 26 の　26円
に　なるので、さいふの　中が　右のよ
うに　なれば　よいです。なので、1円
玉を　1まいと、10円玉を　2まい
のこして　しはらいます。

おうちの方へ

近年はカードで買い物をする機会も増えていますが、このように考えて支払うことは数の感覚を養うよい練習に
もなります。

大きさくらべ

～ながさ・ひろさ・かさの くらべかた～

れいだい 1

(1) ながい ものから じゅんばんに ならべましょう。

ア 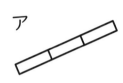　イ 　ウ

(2) 水が おおく 入って いる ものから じゅんばんに ならべましょう。ただし、3つの ようきに 入って いる 水の たかさは おなじです。

ア 　イ 　ウ

せつめい

(1) 目もりが いくつぶん あるかを かぞえて くらべます。

アは 3つぶん、イは 5つぶん、ウは 4つぶんです。

(2) 水の たかさが おなじなので、そこが ひろい ようきに 水が たくさん 入ります。

こたえ： (1) イ → ウ → ア　(2) ウ → イ → ア

れいだい2

下の ずで、おなじ ひろさの ものは どれ と どれでしょうか。2くみ こたえましょう。

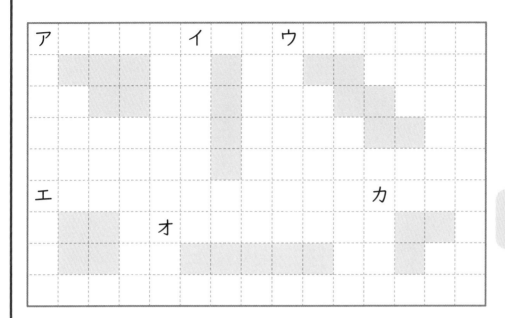

□の かずを かぞえて みよう

せつめい

それぞれ ▨ が いくつか かぞえると、

アは 5つ、イは 4つ、ウは 6つ、エは 4つ、

オは 5つ、カは 3つで できて います。

▨ の かずが おなじ ものが おなじ ひろさです。

こたえ: **ア と オ、イ と エ**

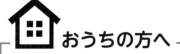 おうちの方へ

ここでは、「長さ」「かさ」「広さ」についての問題に取り組みます。何らかのものを基準に、「何個分」であるか で比べることの理解が重要です。このことが、小2以降に「cm」などの単位についての理解につながります。

もんだい1 下の ずのような 4本の ひもが あります。
これらの ひもを ながさが みじかい ものから じゅんばんに
ならべましょう。

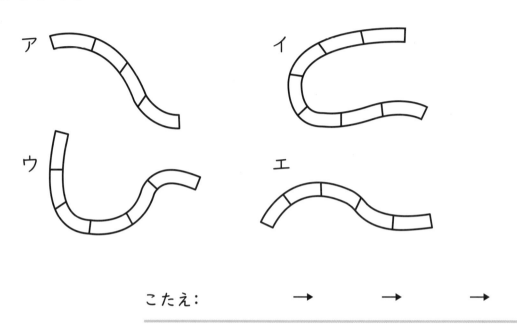

こたえ：　　　　→　　　→　　　→

もんだい2 下の ずのように ようきに 水が 入って い
ます。水が おおく 入って いるものから じゅんばんに ならべ
ましょう。ただし、アと イの ようきの 大きさは おなじです。

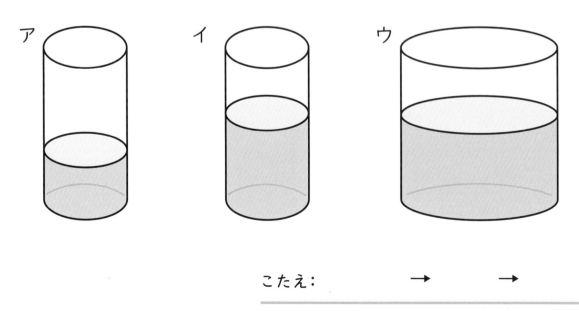

こたえ：　　　　→　　　→

もんだい3 下の ずけいを ひろい ものから じゅんばん に ならべましょう。

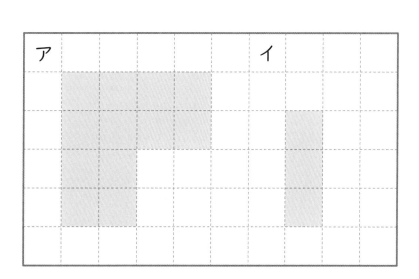

こたえ: 　　　　　→　　　　→　　　　→

もんだい4 右の ずで、アの ひろさは イの ひろさの なんこ ぶんに なって います か。

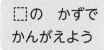

□の かずで かんがえよう

こたえ:

1 右（みぎ）の　ずのように　6本（ぽん）の　えんぴつが　あります。

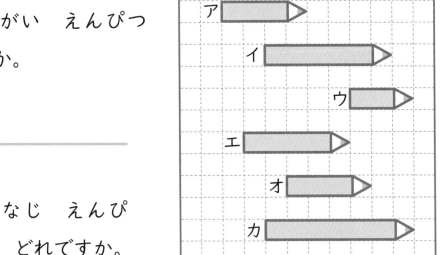

(1) いちばん　ながい　えんぴつ
は　どれですか。

こたえ：

(2) ながさが　おなじ　えんぴ
つは　どれと　どれですか。

こたえ：　　　　と

2 下（した）の　ずで、白（しろ）い　ぶぶんと　赤（あか）い　ぶぶんでは、どちらが
なんこぶん　ひろいでしょうか。

(1)

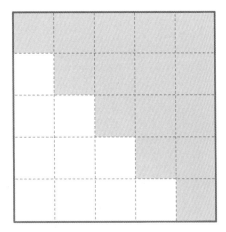

(2)

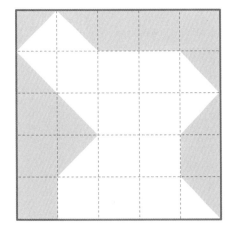

こたえ：

こたえ：

80

3 右のような 6つの
ずけいに ついて
まっすぐ のばした
ながさを かんがえます。

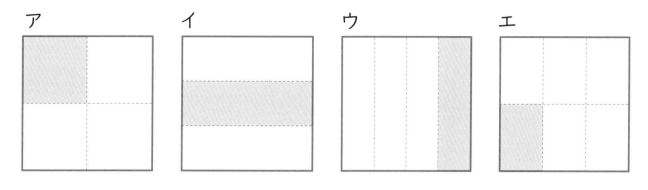

（1）おなじ ながさに
なる ものは どれと どれですか。

こたえ: ____と____

（2）いちばん ながい ものは いちばん みじかい ものよりも
□ なんこぶん ながいですか。

こたえ: _____

4 下の ずは おなじ 大きさの しかくを それぞれ おなじ
かたちに なるように わけた ものです。

ア　　　　イ　　　　ウ　　　　エ

（1）いちばん せまいのは
どれですか。

こたえ: _____

（2）ひろさが おなじ ものは
どれと どれですか。

こたえ: ____と____

・・・

もんだい1 ア → エ → ウ → イ

（せつめい）

ひもに ついて いる 目もりの かずを かぞえます。

アは 4つ、イは 7つ、ウは 6つ、エは 5つです。

もんだい2 ウ → イ → ア

（せつめい）

アと イは おなじ ようきなので、水が たかい ところまで 入って いる

イが おおいです。

イと ウは 水の たかさが おなじなので、そこが ひろい ウの ほうが 水

が おおく 入って います。

もんだい3 イ → ウ → ア → エ

（せつめい）

░░ の かずを かぞえると、

ア 9こ、イ 11こ、ウ 10こ、エ 7こです。

もんだい4 4こぶん

（せつめい）

アは ░░ 12こ、イは ░░ 3こぶんの ひろさです。

12は 3を 4かい たした かずに なって います。

・・・

1 （1）カ 　（2）アとオ

（せつめい）

よこの 目もりの かずを かぞえます。

ア 4つ、イ 6つ、ウ 3つ、エ 5つ、オ 4つ、カ 7つです。

2 (1) 赤が 5こぶん ひろい　　(2) 白が 3こぶん ひろい

(せつめい)

(1) 赤は ▨ 15こぶん、白は ▢ 10こぶんの ひろさなので、

赤が 15－10＝5の 5こぶん ひろいです。

(2) ◹ は 2つ あつめると ▨ 1つぶんに なります。赤は ▨ 11こぶん、

白は ▢ 14こぶんの ひろさなので、白が 14－11＝3の 3こぶん ひ

ろいです。

3 (1) エとカ　　(2) 6こぶん

(せつめい)

まっすぐ のばした ながさは ▢の かずと おなじです。

アは 8こ、イは 7こ、ウは 6こ、エは 10こ、オは 12こ、カは 10こ

の ながさに なります。

(2) 12－6＝6の 6こぶんです。

4 (1) エ　　(2) アとウ

(せつめい)

おなじ 大きさの ものを わけて いるので、おおくの こすうに わけるほど、

大きさは 小さく なります。

(2) アと ウは かたちは ちがいますが、どちらも 4つに わけて いるので、

大きさは おなじです。

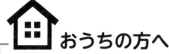 おうちの方へ

4 では同じ大きさのものを分けているので、個数がそのまま広さにならないことに注意が必要です。わかりにくい場合は、ケーキなどを切り分けて感覚的に理解させてあげてください。この感覚が後に学習する分数へとつながります。

考える 力を のばす 問題 8

もんだい 1 右のような さんかくの いたを なんまいか ならべて、下のような かたちを つくりました。なんまい ならべたでしょうか。ずに せんを ひきながら かんがえましょう。

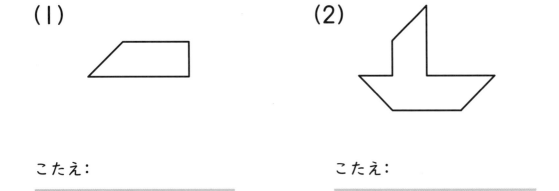

(1)

(2)

こたえ: _____   こたえ: _____

もんだい 2 下の ずのように おなじ 大きさの しかく に わかれた チョコレートが あります。これを 4人で おなじ 大きさ、おなじ かたちに なるように わけるには どう すれば よいでしょうか。わけかたを ずの中に かきましょう。ただし、(1) では 1人目は いろが ついた ぶぶんを とりました。

(1)   (2)

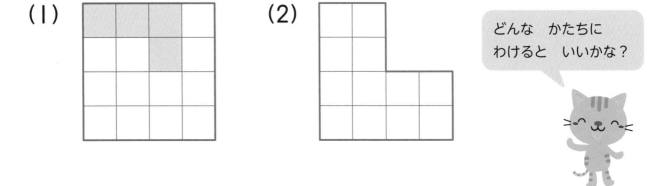

どんな かたちに わけると いいかな?

こたえと　せつめい

もんだい1　(1) 5まい　　(2) 9まい

下の　ずのように　わけられます（ほかの　わけかたも　あります）。

(2)

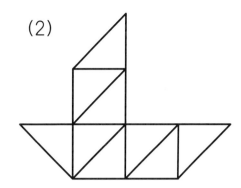

(1)

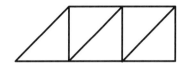

もんだい2

(1)

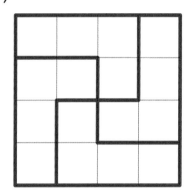

(2)

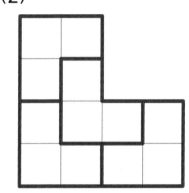

(せつめい)

(2) 12こを　4人で　わけると　1人ぶんは

　　☐ 3つぶんに　なります。

　　☐ 3つを　ならべて　できる　かたちは

　　右の　2とおり　ありますが、うまく

　　わけられるのは　右の　ばあいです。

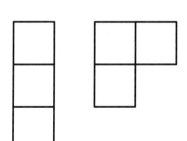

うまく
わけられたかな？

いろいろな かたち

～つみ木を つかって かんがえて みよう～

れいだい1　下の ずを 見て もんだいに こたえましょう。

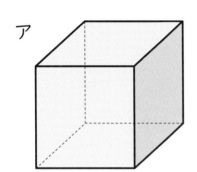
ア

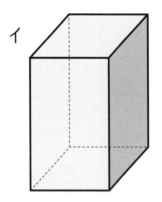
イ

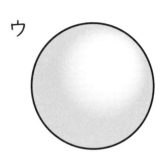
ウ

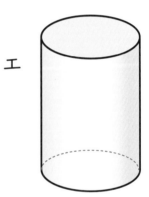
エ

(1) さいころの かたちは どれですか。

(2) つつの かたちは どれですか。

(3) ころがりやすい かたちの ものを
　　2つ こたえましょう。

つみ木を いろいろな むき
に して ころがして みよう

せつめい

(1) さいころの めんは 6つとも ましかくです。

(2) つつは たいらな めんと まがった めんが あります。

(3) まがった めんが ある ものは ころがりやすいです。

こたえ：(1) ア　(2) エ　(3) ウ、エ

れいだい2 下の ずのように、つみ木を つみました。なんこの つみ木を つかいましたか。

(1)

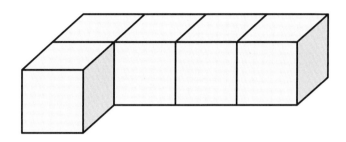

(2)

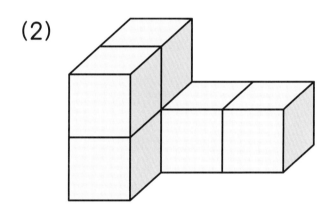

(2) では、見えて いない ぶぶんにも つみ木が ある ことに気を つけましょう。

こたえ: (1) 5こ   (2) 6こ

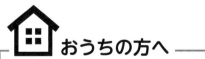おうちの方へ

ここでは、立体図形を扱います。紙の上に描かれたものを立体として捉えることは最初は難しいですが、実際の立体と照らし合わせながら考えることでイメージが構築されます。積み木などを用意して、実際に観察したり組み立てたりしながら考えてみてください。

こたえと　せつめいは、92 ページ

もんだい1 下の　ずのような　かたちが　あります。

① 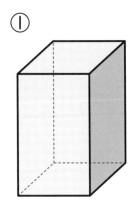　② 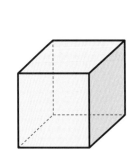　③ 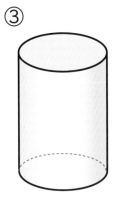　④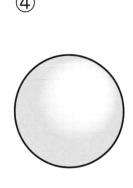

つぎの　（1）と　（2）に　ついて、あてはまる　ものを　下の　中から　えらび、きごうで　こたえましょう。おなじ　ものを　なんかい　えらんでも　かまいません。

（1）これらの　かたちを　上から　見ると、どのような　かたちに　見えますか。

（2）これらの　かたちを　まえから　見ると、どのような　かたちに　見えますか。

ア 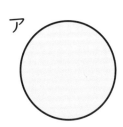　イ 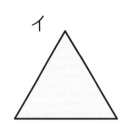　ウ 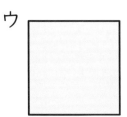　エ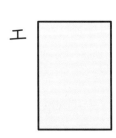

こたえ：

	①	②	③	④
（1）上から　見た　かたち				
（2）まえから　見た　かたち				

もんだい2 下の ずのように、つみ木を つみました。なんこの つみ木を つかいましたか。

(1)

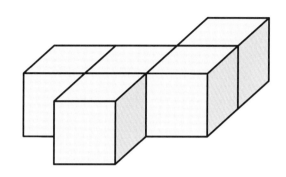

こたえ:

(2)

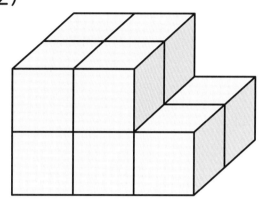

こたえ:

もんだい3 つみ木を 右のように つみました。

(1) 上から 見ると なんこの つみ木が 見えますか。

(2) まえから 見ると なんこの つみ木が 見えますか。

(3) 右から 見ると なんこの つみ木が 見えますか。

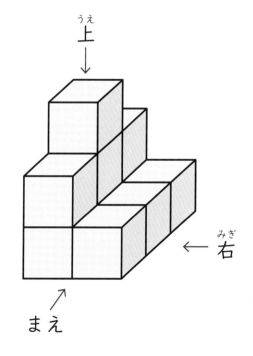

上

右

まえ

こたえ: (1)   (2)   (3)

こたえと せつめいは、93 ページ

1 右のような つみ木が ありま
す。この つみ木の たいらな めん
を かみの 上に おいて、かたち
を うつしたいと おもいます。どの
ような かたちが うつしとれますか。
かんがえられる ものを すべて え
らびましょう。

(1)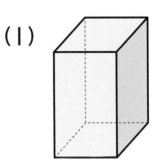

(2)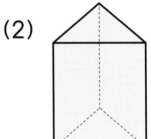

ア 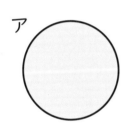　　イ 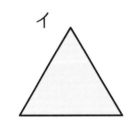　　ウ 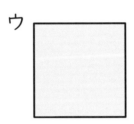　　エ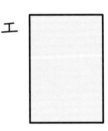

こたえ： (1)　　　　　　(2)

2 下の ずのように、かべに そって つみ木を つみました。
なんこの つみ木を つかいましたか。

(1)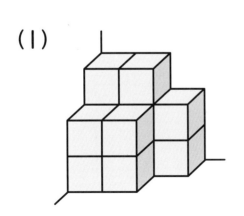

(2)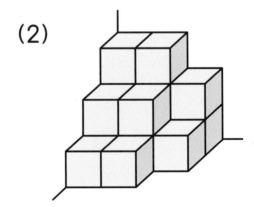

こたえ： (1)　　　　　(2)

3 下の ずのような かたちを ------- の ところで きりました。きり口の かたちを かきましょう。

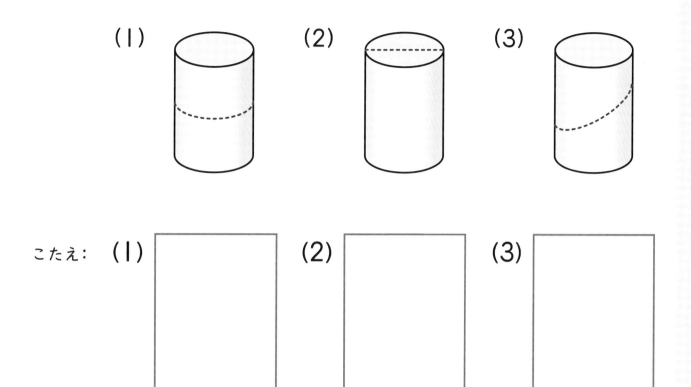

(1) (2) (3)

こたえ： (1) [　　　] (2) [　　　] (3) [　　　]

だいこんなどを
じっさいに きって みよう

4 赤い さいころ 3こと 白い さいころ 2こを 右のように ならべて くっつけました。
これを 上、下、まえ、うしろ、右、左の 6つの むきから 見た ときに、見える 赤い めんと 白い めんの こすうは それぞれ あわせて なんこですか。

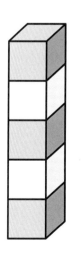

こたえ： 赤 [　　　] 白 [　　　]

小1 ⑨ こたえと　せつめい

確認問題(かくにんもんだい)・・・

もんだい1

	①	②	③	④
(1) 上から　見た　かたち	ウ	ウ	ア	ア
(2) まえから　見た　かたち	エ	ウ	エ	ア

つみ木などを　見ながら
たしかめて　みよう

もんだい2　(1) 5こ　　(2) 10こ

（せつめい）

(2) 見えない　ぶぶんにも　つみ木が　あります。

上の　だんには　4こ、下の　だんには　6こ　あるので、

4＋6＝10の　10こです。

もんだい3　(1) 6こ　　(2) 4こ　　(3) 7こ

（せつめい）

それぞれ、下の　ずのように　見えます。

(1) 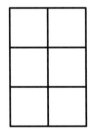　　(2) 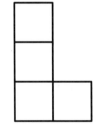　　(3)

1 (1) ウ、エ　　　(2) イ、エ

2 (1) 12こ　　(2) 15こ

（せつめい）

(1) 上の　だんから　じゅんに　2こ、5こ、5こなので、

2 + 5 + 5 = 12の　12こです。

(2) 上の　だんから　じゅんに　2こ、5こ、8こなので、

2 + 5 + 8 = 15の　15こです。

3 (1)　　　　　　　(2)　　　　　　　(3)

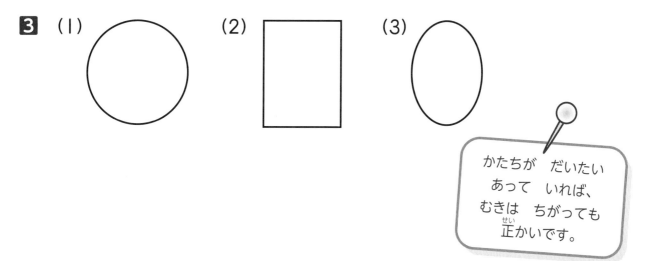

かたちが　だいたい
あって　いれば、
むきは　ちがっても
正かいです。

4 赤 14こ、　白 8こ

（せつめい）

上からと　下からは　それぞれ　赤い　めんが　1つ　見えます。

また、まえ、うしろ、右、左の　どこから　見ても、赤い　めんが　3つと、

白い　めんが　2つ　見えます。

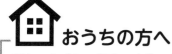おうちの方へ

難しいと感じる場合、実際に積んでみる、切ってみる、観察してみるようにしてください。高学年になると理詰めで解く場面が増えますが、その理論は低学年時の経験によっても裏付けられるものです。

考える 力を のばす 問題 9

もんだい1 りんごと みかんが あわせて 12こ あります。りんごは みかんよりも 4こ おおいそうです。みかんは なんこ ありますか。

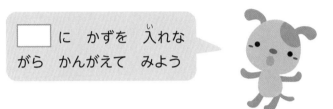

□に かずを 入れながら かんがえて みよう

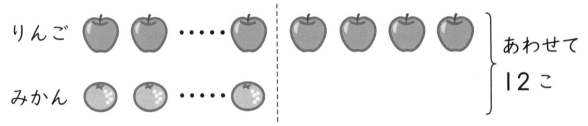

あわせて 12こ

りんごが 4こ おおい

りんごが □ こ おおいので、それを とりのぞくと、あわせ

て □ － □ ＝ □ の □ こです。

ここには、りんごと みかんが おなじ かずずつ あるので、

みかんは □ こと わかります。

こたえ：_____

🏠 **おうちの方へ**

ここでは「和差算」と呼ばれる問題を扱っています。わり算を学習していないため、簡単な場合のみになりますが、図を用いて解法を考えることは、今後の学習につながります。

もんだい2 えんぴつと ボールペンが あわせて 15本 あります。えんぴつは ボールペンよりも 3本 すくないそうです。ボールペンは なん本 ありますか。

【ずやしきなど】

もんだい1 と おなじように かんがえて みよう！

こたえ： _____

小1⑨ こたえと せつめい

もんだい1 4こ

□ には、じゅんに 4、12、4、8、8、4が 入ります。

もんだい2 9本

（せつめい）

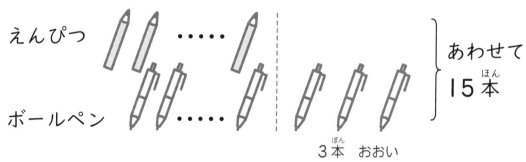

えんぴつ ・・・・・

ボールペン ・・・・・

あわせて 15本

3本 おおい

ボールペンが 3本 おおいので、それを とりのぞきます。
この とき 15－3＝12の 12本は、えんぴつと ボールペンが おなじ かずです。
12は 6と 6に わけられるので、それぞれ 6本ずつです。
ボールペンは はじめに 3本 とりのぞいたので、それを くわえて
6＋3＝9の 9本です。

ぶんしょうだい ④

〜ながい ぶんしょうだいに ちょうせん〜

こたえと せつめいは、102〜103ページ

もんだい1 下の ぶんしょうを よんで、右の ページの もんだいに こたえましょう。

さなえさんは、水ぞくかんに いきました。	1
はじめに 大きな 水そうを 見ました。この 水そうの 中	2
には、サメが 3びき いて、エイは サメよりも 2ひき お	3
おかったそうです。	4
また、小さい 水そうでは、さまざまな いろの さかなが	5
およいで いました。赤い さかなは 6ぴき、くろい さかな	6
は 9ひきで、きいろの さかなは くろい さかなよりも 5	7
ひき すくなかったそうです。	8
水ぞくかんの 中で、ペンギンたちが 1れつに ならんで	9
さんぽを して いました。その中に 大きな ペンギンが 1	10
わ いましたが、大きな ペンギンは まえから かぞえると	11
8ばん目に、うしろから かぞえても 8ばん目に いました。	12

おうちの方へ

最後は、長い文章題に取り組みます。お子さんにとっては文章が長いということが大きなハードルになります。まずは音読をして、文章に書かれている状況をイメージしながら取り組んでみてください。

もんだいで きかれて いる こと が どこに かかれて いたか さがして みよう

(1) 大きな 水そうに いる エイは なんびきですか。

【しき】

こたえ:

(2) 小さい 水そうの 中に いる 赤い さかなと きいろの
さかなでは どちらが なんびき おおいでしょうか。

【しき】

こたえ:

(3) さんぽを して いる ペンギンは ぜんぶで なんわですか。

【しき】

こたえ:

花だんに さいて いる 花を見て みんなが つぎのように はなして います。これに ついて、右の ページ の もんだいに こたえましょう。

あかりさん

チューリップと バラの 花が あわせて 18本 さいて いるね。

かずおくん

バラは 赤が 5本と 白が 3本で ほかの いろは ないよ。

さおりさん

赤い 花は ぜんぶで 9本 さいて いるよ。

たくやくん

チューリップは 赤、白、きいろの 3つの 花の いろが あるね。

なつみさん

赤い チューリップは きいろの チューリップより 2本 おおいね。

（1）チューリップは　なん本　さいて　いますか。

【しき】

こたえ：

（2）赤い　チューリップは　なん本　さいて　いますか。

【しき】

こたえ：

（3）白い　チューリップは　なん本　さいて　いますか。

【しき】

こたえ：

（4）赤い　花と　白い　花では　どちらが　なん本　おおいですか。

【しき】

こたえ：

もんだい 3　下の　ぶんしょうを　よんで、右の　ページの
もんだいに　こたえましょう。

　　みかさんの　いえで　パーティーを　する　ことに　なりまし　　　1
た。パーティーに　さんかするのは　ぜんぶで　8人で、その　　　　2
うち　男の子は　2人で、のこりは　女の子です。　　　　　　　　　3

　　みんなで、つぎのように　じゅんびを　する　ことに　なりま　　　4
した。　　　　　　　　　　　　　　　　　　　　　　　　　　　　5

　　はるとくんは　クッキーを、さとるくんは　チョコレートを　　　　6
もって　きました。クッキーと　チョコレートは　あわせて　　　　　7
11こに　なりましたが、チョコレートは　クッキーよりも　1　　　8
こ　おおかったそうです。　　　　　　　　　　　　　　　　　　　9

　　しずかさんは　ケーキを　かって　もって　きました。1人　　　10
に　1こずつに　なるように　かいましたが、ショートケーキ　　　　11
は　5こしか　うって　いなかったので、のこりの　ぶんは　チ　　　12
ョコレートケーキを　かいました。　　　　　　　　　　　　　　13

　　みかさんは　サンドイッチを　よういしました。ハムサンド　　　14
は　9こ　よういし、たまごサンドは　ハムサンドより　3こ　　　　15
おおく、ツナサンドは　たまごサンドよりも　2こ　すくなかっ　　　16
たそうです。　　　　　　　　　　　　　　　　　　　　　　　　17

　　みかさんと　しずかさんいがいの　女の子たちは、1人　3本　　　18
ずつ　花を　かって　きました。その　うち、赤い　花は　7本　　　19
で、のこりは　白い　花でした。　　　　　　　　　　　　　　　20

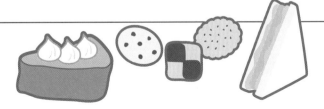

（1）しずかさんが　かって　きた　チョコレートケーキは　なんこ
　　　ですか。

【しき】

こたえ：

（2）ツナサンドを　１人に　１こずつ　くばると、なんこ　あまり
　　　ますか。

【しき】

こたえ：

（3）はるとくんは　クッキーを　なんこ　もって　きましたか。

【しき】

こたえ：

（4）女の子たちは　白い　花を　ぜんぶで　なん本　かって　きま
　　　したか。

【しき】

こたえ：

もんだい1 (1) 5ひき　　(2) 赤_{あか}い　さかなが　2ひき　おおい　　(3) 15わ

（せつめい）

(1) 3〜4ぎょう目_めに、「サメが　3びきいて、エイは　サメよりも　2ひき　おおかった」と　かかれて　います。

【しき】3＋2＝5

(2) 6〜8ぎょう目_めに　かかれて　いる　ことから　かんがえます。

【しき】9－5＝4　…きいろの　さかなの　かず

6－4＝2

(3) 9〜12ぎょう目_めに　かかれて　いる　ことから　かんがえます。

「大_{おお}きな　ペンギンは　まえから　かぞえると　8ばん目_め」と　いう　ことは、大_{おお}きな　ペンギンの　まえには　8－1＝7の　7わの　ペンギンが　います。

【しき】8－1＝7

7＋1＋7＝15

もんだい2 (1) 10本_{ぽん}　　(2) 4本_{ほん}　　(3) 4本_{ほん}　　(4) 赤_{あか}い花_{はな}が2本_{ぽん}おおい

（せつめい）

(1) かずおくんの　はなしから　バラの　本_{ほん}すうが　わかります。

【しき】5＋3＝8　…バラの　本_{ほん}すう

18－8＝10

(2) かずおくんと　さおりさんの　はなしを　あわせて　かんがえます。

【しき】9－5＝4

(3) なつみさんの　はなしから　かんがえます。

【しき】4－2＝2　…きいろの　チューリップの　本_{ほん}すう

10－4－2＝4

(4)「白_{しろ}い　花_{はな}」は　チューリップと　バラの　2しゅるいが　あります。

【しき】4＋3＝7　…白_{しろ}い　花_{はな}の　ごうけい

9－7＝2

もんだい3 (1) 3こ　　(2) 2こ　　(3) 5こ　　(4) 5本

（せつめい）

(1) 10〜13ぎょう目に　ちゅうもくしますが、8人　さんかするの
　　で、ケーキは　ぜんぶで　8こ　かう　ことに　なります。

　　【しき】8－5＝3

(2) 14〜17ぎょう目に　かかれて　いる　ことから、ツナサンド
　　の　こすうが　わかります。

　　【しき】9＋3－2＝10　…ツナサンドの　こすう
　　　　　　10－8＝2

(3) 6〜9ぎょう目を　もとに　かんがえます。
　　「考える　力を　のばす　問題9」のように　ときます。

　　【しき】11－1＝10　…10は　5と5に　わけられます。

(4)「みかさんと　しずかさんいがいの　女の子」は　なん人　いる
　　か　かんがえましょう。

　　【しき】8－2＝6　…さんかした　女の子の　かず
　　　　　　6－2＝4　…花を　かって　きた　女の子の　かず
　　　　　　3＋3＋3＋3＝12　…花の　かずの　ごうけい
　　　　　　12－7＝5

📈 考える 力を のばす 問題 ⑩

もんだい1 「ア▽イ」で、アと イの うち、大きい ものから 小さい ものを ひく ことを あらわす ことに します。

たとえば、5▽3は 5－3＝2の 2で、

2▽8は 8－2＝6の 6です。

(1) 5▽13が あらわす かずは なんですか。

こたえ：_____

(2) ?▽8＝6です。 ?に あてはまる かずは なんですか。 かんがえられる ものを すべて こたえましょう。

こたえ：_____

もんだい2 「ア●イ」で、アを イかい たす ことを あらわす ことに します。

たとえば、3●4は 3＋3＋3＋3＝12の 12です。

(1) 5●3が あらわす かずは なんですか。

こたえ：_____

(2) $\boxed{?} ● 4 = 16$ です。 $\boxed{?}$ に あてはまる かずは なんです か。

こたえ: _____

(3) $\boxed{?} ● \boxed{?} = 100$ です。 $\boxed{?}$ に あてはまる かずは なん ですか。

これは むずかしいよ。
100 が どんな かずだったか
おもいだして みよう

こたえ: _____

小1⑩　こたえと せつめい

もんだい1 (1) 8　　(2) 2、14

(せつめい)

(1) $13 - 5 = 8$ です。

(2) つぎの 2つの ばあいが かんがえられます。

$\boxed{?}$ が 8より 大きい とき、$\boxed{?} - 8 = 6$ なので、$\boxed{?}$ は 14です。$\boxed{?}$ が 8より 小さい とき、$8 - \boxed{?} = 6$ なの で、$\boxed{?}$ は 2です。

もんだい2 (1) 15　　(2) 4　　(3) 10

(せつめい)

(1) $5 + 5 + 5 = 15$ です。

(2) おなじ かずを 4かい たして 16に なる ものです。

(3) 「10を 10こ あつめた かず」が 100でしたね。

けいさんようし

けいさんようし

けいさんようし

けいさんようし

けいさんようし

けいさんようし

西村則康（にしむら のりやす）
名門指導会代表 塾ソムリエ
教育・学習指導に40年以上の経験を持つ。現在は難関私立中学・高校受験のカリスマ家庭教師であり、プロ家庭教師集団である名門指導会を主宰。「鉛筆の持ち方で成績が上がる」「勉強は勉強部屋でなくリビングで」「リビングはいつも適度に散らかしておけ」などユニークな教育法を書籍・テレビ・ラジオなどで発信中。フジテレビをはじめ、テレビ出演多数。
監修書に、「中学受験すらすら解ける魔法ワザ」シリーズ（全8冊）、著書に、「つまずきをなくす算数・計算」シリーズ（全7冊）、「つまずきをなくす算数・図形」シリーズ（全3冊）、「つまずきをなくす算数・文章題」シリーズ（全6冊）、「つまずきをなくす算数・全分野基礎からていねいに」シリーズ（全2冊）のほか、『自分から勉強する子の育て方』『勉強ができる子になる「1日10分」家庭の習慣』『中学受験の常識 ウソ？ホント？』（以上、実務教育出版）などがある。

高野健一（たかの けんいち）
名門指導会算数科主任。東京大学理学部数学科卒。在学中より受験数学の指導に携わり、効果的な学習法を研究する。卒業後は中学受験指導もその研究対象となり、西村則康氏の薫陶を受ける。本格的に中学受験プロ指導者となってからの20年でほぼ毎年のように開成・麻布・桜蔭・女子学院などの難関校を筆頭に、多くの学校に合格者を送り出している。
問題の解法を一方的に教えるのではなく、生徒の答案やノートからその子の思考を読み取り、その思考に立脚した指導を心掛けている。中学受験だけでなく大学受験にも精通しており、中学入試で終わりでなく、一歩先を見据えたうえで今必要な内容の指導を行っている。その指導の知見は大学受験改革で揺れ動く昨今の受験事情においてなお輝きを増している。
単に答えが合っているかだけではなく、問題用紙等に書かれた計算等の跡を詳細に分析し、正しい理解に基づき考えられているかを重要視した指導を心掛けている。
著書に『つまずきをなくす小4算数基礎からていねいに』（実務教育出版）などがある。

装丁／西垂水敦（krran）
カバーイラスト／umao
本文デザイン・DTP／草水美鶴

今すぐ始める中学受験 小1 算数
2023年11月10日 初版第1刷発行

監修者 西村則康
著 者 高野健一
発行者 小山隆之
発行所 株式会社 実務教育出版
〒163-8671 東京都新宿区新宿1-1-12
電話 03-3355-1812（編集） 03-3355-1951（販売）
振替 00160-0-78270

印刷／文化カラー印刷 製本／東京美術紙工